아빠가 들려주는
성경태교동화

성품 좋은 아이로 키우고 싶어요!

아빠가 들려주는
성경
태교동화

오선화 글 | 뽀얀 그림

강같은평화

아빠, 엄마, 태아가 함께 듣는 사랑의 음성

보라 네 문안하는 소리가 내 귀에 들릴 때에 아이가 내 복중에서 기쁨으로 뛰놀았도다(눅 1:44)

"여보! 찬송을 부를 때 아기가 배 속에서 신나게 움직이지 뭐예요. 정말 깜짝 놀랐어요!"

임신 중에도 열심히 찬양대에 섰던 아내가 한 말입니다.

배 속의 아기는 찬송에 화답하며 몸을 움직입니다.

설교를 들을 때 마치 아멘 하듯 엄마 배에 신호를 보내는 아기들도 있습니다.

태아 요한은 예수를 잉태한 마리아가 문안하는 소리를 듣고 배 속에서 기뻐했습니다. 성경은 이렇듯 태아의 감정과 반응을 매우 명확하게 기록하고 있습니다.

복중의 아이가 가장 좋아하는 소리가 있습니다.
꼭 들어야 할 음성이 있습니다.
그것은 아빠의 목소리입니다.
"사랑하는 아이야, 너는 엄마 아빠에게 가장 소중하단다."
아이는 이 소리를 알아듣습니다. 그 목소리에 반응합니다.

오선화 작가는 극동방송(서울)에서 PD로 있을 때 처음 만났습니다.
지금도 극동방송의 전국 모든 지사에서 방송되고 있는 일일드라마 〈천국을 사는 사람들〉의 대본은 오 작가의 가슴과 손끝을 거쳐 완성됩니다. 수많은 애청자가 일일드라마를 청취하며 감동의 눈물을 흘립니다. 위로와 새 힘을 얻었다고 간증합니다. 이유가 무엇일까요? 저는 이렇게 생각합니다. 작가의 가슴속에 하나님이 살아 계시기 때문입니다. 작가 스스로 겪은 삶의 극심한 고난 가운데 우리를 끝까지 포기하지 않으시고

인도하시며 영광 받으시는 위대하신 하나님, 사랑의 하나님을 그가 너무나도 생생하게 경험했기 때문입니다.

하나님의 사랑을 받은 작가는 자신의 열정과 에너지를 아이들을 돌보는 일에 쏟아붓고 있습니다. 그중에도 태아들을 향한 그의 관심과 사랑은 정말이지 특별합니다.

생명력이 느껴지는 글은 따로 있습니다. 삶으로 쓴 글이라야 힘이 있습니다. 오 작가의 『성품태교동화』, 『성경태교동화』를 비롯한 여러 작품이 꾸준히 사랑받고 있는 까닭은 그의 글 속에 자신의 경험과 실천적 삶이 그대로 녹아들어 있기 때문입니다.

오선화 작가는 교회를 비롯한 여러 기관과 단체에서 '태아 사랑'을 실천해 왔습니다. 아이들을 돌보며 말씀으로 섬기기 위해 자신의 시간과 물질을 아끼지 않았습니다. 하나님께서 그를 통해 맺은 삶의 열매를 우리는 여러 곳에서 확인할 수 있습니다.

그가 삶으로 맺은 또 하나의 열매가 바로 이 책으로 우리에게 찾아왔습니다.

『아빠가 들려주는 성경태교동화』는 양방향으로 예수님의 사랑을 전합니다.

한 방향은 당연히 태아를 향한 것입니다. 우리가 태아에게 전해 줄 수 있는 가장 좋은 선물, 가장 멋진 메시지는 하나님의 말씀입니다. 예수님의 사랑입니다. 그리고 그 말씀을 태아에게 전할 수 있는 최고의 도구는 두말할 필요 없이 아빠의 음성입니다. 엄마 배 속에서 귀를 쫑긋 세우고 아빠의 목소리로 전해지는 성경 동화를 듣고 있을 태아의 모습을 상상해 보십시오. 이 얼마나 놀랍고 멋진 일입니까?

또 한 방향은 아빠와 엄마를 향한 것입니다. 아기를 위해 읽어 주는 책이지만, 그것은 곧 나를 위한 책이 됩니다. 꼭 알아야 할 성경 이야기를 쉽고 재미있게 술술 읽어 가다 보면 물밀듯 밀려오는 감동과 은혜를 받게 되는 이는 엄마와 아빠입니다.

그래서 『아빠가 들려주는 성경태교동화』는 아가를 위한 책인 동시에 엄마, 아빠를 위한 책입니다. 곧 엄마와 아빠가 될 예비 부부, 엄마와 아빠로 자라날 우리의 자녀와 사랑하는 이웃 모두를 위한 책입니다. 아빠와 엄마, 태아가 같은 공간에서 사랑의 음성을 듣게 됩니다. 아빠가 읽어 주는 『아빠가 들려주는 성경태교동화』는 분명 아빠의 음성이지만, 또한 말씀을 통해 울려 퍼지는 하나님의 목소리가 될 것입니다. 말씀을 가까이하는 자들에게 내려 주시는 하늘의 복이 그 가정에 임할 것입니다.

　태중의 아이가 세상에 나와, 성장하고, 결혼한 후 또다시 『아빠가 들려주는 성경태교동화』를 자신의 아기에게 들려주는 모습을 그려 봅니다. 우리 모두를 위한 좋은 책을 쓰신 오선화 작가에게 감사하며 사랑하는 분들에게 기쁨으로 이 책을 추천합니다.

포항극동방송 지사장 이인성

예비 아빠들에게
용기를 주는 좋은 책

오선화 작가님을 만난 것은 작년에 한창 에세이 『이왕이면 예쁘고 행복하게』의 강연회를 다닐 때였습니다. 수수하지만 포근한 오선화 작가님의 인상에 처음부터 호감이 갔습니다. 작가님은 자신의 성경 동화책에 사인을 해 주시며 인사를 하셨고, 저희 부부는 뜻하지 않은 선물에 감사함을 느꼈습니다. 인상처럼 포근하고 아기자기한 동화를 펼쳐 보며 우리 아이들에게 좋은 선물이겠구나 싶었습니다.

그런 오선화 작가님이 이번에 『아빠가 들려주는 성경태교동화』를 낸다는 소식을 들었을 때 저희 부부는 누구보다도 기뻤답니다. 배 속에서부터 하나님의 말씀을 듣고 자라날 많은 아이들을 생각하니 저절로 입가에 미소가 번졌습니다. 『아빠가 들려주는 성경태교동화』는 태아에게 좋은 영향을 줄 뿐 아니라 예비 아빠들에게도 용기를 주고 아빠가 될 준비를 도와줄 것입니다. 태어날 아이를 생각하며 이 책을 읽으신다면 예비 부모님들과 태아 서로에게 힐링이 될 것입니다.

개그맨 정종철 · 황규림 부부

아기에게 이야기를 건네는
'좋은 아빠'가 되세요

제 아버지는 매우 엄격한 분이셨습니다. 아버지는 자신의 엄격함이 '좋은 아빠'의 자질이라고 생각하셨지요. 그러나 저는 조금 다른 의견을 가지고 있습니다. 아버지의 엄격함이 아니었다면, 저는 조금 더 넓은 세계관을 가지고, 조금 더 자유롭게 글을 쓰는 사람이 되었을 거라고 생각합니다. 그렇다고 아버지에게 '좋은 아빠'의 자질이 없었다는 것은 아닙니다. 다만 그것이 '엄격함'은 아니라는 말입니다.

아버지는 이야기를 자주 건네는 사람이었습니다. 바쁜 직장 생활 중에도 틈틈이 시간을 내서 저를 밖으로 데리고 나갔습니다. 저는 아직도 아버지와 함께 아버지의 단골 식당에 가서 음식을 먹으며 이야기를 나누었던 기억이 생생합니다. 아버지와 함께 쇼핑을 하며 이야기를 나누기도 했습니다. 아버지의 이야기에는 제한이 없었습니다. 아버지의 어린 시절, 읽고 있는 소설, 보았던 영화, 겪고 있는 일의 문제점, 함께 일하는 동료들……. 아버지는 자신과 관련된 모든 이야기를 해 주었습니다.

저는 아버지가 이야기를 건넬 때 '좋은 아빠'라는 단어를 떠올렸습니다. 평소에는 아버지의 엄격함 속에 감춰져 있지만 저와 단둘이 있을 때마다 얼굴을 내미는 따뜻한 이야기. 그 이야기와 함께 흘러나오는 다정함. 그것은 정말 '좋은 아빠'만이 뿜어낼 수 있는 온기였습니다.

여러분이 이 책을 어떤 경로로 접하게 되었는지, 저는 잘 모릅니다. 그리고 그것은 중요하지 않습니다. 중요한 것은, 여러분이 이 책을 통해 아이에게 이야기를 건네려고 한다는 사실입니다.

아기에게 하루에 한 편의 동화를 읽어 주십시오. 동화를 읽지 못할 정도로 바쁜 날에는, 동화의 앞부분에 나온 태담이라도 들려주십시오. 그리고 이것을 시작으로, 아이에게 이야기를 건네는 아빠가 되어 주십시오.

언젠가 그 아이는 지금의 저처럼 어른이 될 것입니다. 그리고 말할 것입니다. "아빠가 나에게 이야기를 건네주어서 참 좋았어. 아빠는 내게 정말 좋은 아빠였어"라고…….

하늘 아빠와 땅의 아빠, 두 분에게 영광을 돌립니다. 그리고 이 책의 인물을 선정하는 데 도움을 주신 백승찬 목사님과 김선규 전도사님, 부족한 사람의 책에 기꺼이 추천사를 써 주신 이인성 지사장님과 정종철 황규림 부부에게 감사를 전합니다.

오선화

차례

추천의 말 이인성 •4

추천의 말 정종철·황규림 부부 •9

저자의 말 •11

Chapter 1 사랑하고 기뻐하거라 – 사랑 ♥ 희락

하나님의 사랑은 변하지 않아 •21

기도 대장 다윗은, 휙휙휙! •27

별 아저씨들이 헤벌쭉 웃었지 •34

사마리아 성에 기쁨이 넘쳤어 •41

아빠의 성품을 위한 이야기 다윗은 코끝이 찡했어 •48

지혜로운 아이로 키우는, 잠언 태교 1 •54

Chapter 2 마음의 평화를 누리거라 – 화평 ♥ 온유

젊은이는 왜 모세에게 달려갔을까? ・63

하나님의 용사, 기드온! ・70

요셉은 햇살처럼 환한 미소를 지었지 ・77

예수님이 어린아이들을 축복해 주셨어 ・84

아빠의 성품을 위한 이야기 요아스는 누구의 아빠일까 ・89

지혜로운 아이로 키우는, 잠언 태교 2 ・96

Chapter 3 선한 영향력을 끼치거라 – 양선 ♥ 자비

예레미야는 잉잉잉 울었대 ・105

요셉은 축복의 통로가 되었어 ・112

부자 청년은 천국에 갈 수 있을까? •118

도르가는 오늘도, 똑똑똑! •124

아빠의 성품을 위한 이야기 하나님이 뭐라고 말씀하셨을까? •132

지혜로운 아이로 키우는, 잠언 태교 3 •138

Chapter 4 요동치지 말고 행복하거라 – 오래 참음 ♥

느헤미야는 오늘도 뚝딱뚝딱! •147

안나의 소망이 이루어졌을까? •154

목자의 이마에 땀방울이 송골송골! •159

아브라함의 마음에 행복이 퐁퐁 솟았지 •166

아빠의 성품을 위한 이야기 야이로가 털썩 무릎을 꿇었지 •172

지혜로운 아이로 키우는, 잠언 태교 4 •178

Chapter 5 온전한 성품을 꿈꾸거라 – 충성 ♥ 절제

슬기로운 다섯 처녀는 등과 기름을 준비했대 •187

갈렙은 "하나님!" 하고 불렀지 •193

옷니엘이 출동한다, 길을 비켜라! •198

아나니아는 하나님의 말씀 따라, 뚜벅뚜벅! •203

아빠의 성품을 위한 이야기 엘리 제사장은 왜 그랬을까? •210

지혜로운 아이로 키우는, 잠언 태교 5 •216

책 속 부록 좋은 남편이 되기 위한, 성품 강의 •222

사랑 ♥ 희락

성령의 첫 번째 열매 '사랑'은 성령의 아홉 가지 열매를 모두 포함하는 열매입니다. 사랑은 몸과 마음을 다하여 하나님을 사랑하고 이웃을 사랑하는 마음이지요. 겸손히 섬기는 마음, 시기와 질투하지 않고 나누는 마음, 이웃을 소외시키지 않고 덮어 주고 감싸는 마음을 포함합니다. 성령의 두 번째 열매 '희락'은 성령의 은혜로 누리는 기쁨과 행복을 의미합니다. 항상 기뻐하는 마음, 매사에 감사하고 만족을 느끼는 마음, 긍정하는 마음, 좋은 것과 아름다움을 추구하는 마음을 포함합니다. 사랑과 희락을 마음에 지니고 있으면 사랑하고 기뻐하는 삶을 살 수 있지요.

아직 얼굴도 마주하지 않은 아기에게 동화를 읽어 준다는 게 어색하지요? 하지만 동화 태교는 좋은 아빠가 되기 위한 첫걸음이랍니다. 국어책을 읽는 듯한 말투보다는 이야기를 건네듯 읽어 주세요. 태명을 지으셨다면, '아가야'라고 나온 부분에 태명을 넣어서 읽어 주세요. 친근함이 느껴져서 태담이 더욱 수월해진답니다. 그리고 표정 관리도 중요합니다. 찡그린 표정은 피해 주세요. 아기가 사랑과 희락의 성품을 지니기를 바란다면 아빠도 환하게 웃어야겠죠?

하나님의 사랑은
변하지 않아

아가야, 아빠 목소리 들리지? 조금 어색하지만, 그래도 아빠는 그 어색함을 물리치고 시작해 보려고 해. 뭘 시작하냐고? 너와 이야기를 나누는 것 말이야. 너의 예쁜 모습을 상상하면서 시작할게. 너도 아빠의 멋진 모습을 상상하며 들어줘.

하나님의 사랑은 변하지 않아. 음…… 그건 아빠도 알고 있어. 어떻게 아냐고? 음…… 이건 비밀인데 말이야, 아빠도 잘못을 많이 했거든. 하나님한테는 말썽꾸러기 아들이지. 그런데 하나님은 아빠를 한 번도 미워한 적이 없어. 하나님이 아빠를 미워한다고 생각한 적은 있었지만, 그건 아빠의 생각일 뿐이었어. 하나님의 생각은 전혀 달랐지. 하나님은 여전히, 항상, 언제나, 아빠를 사랑하셨고, 지금도 사랑하시지. 그래서 아빠는 알고 있어. 하나님의 사랑은 변하지 않는다는 사실을 말이야.

하나님의 사랑은 변하지 않아. 이 사실은 요나도 알고 있었어. 하지만 말이야, 아무리 그렇다고 해도 얄미운 건 얄미운 거잖아. 요나는 니느웨 사람들이 그저 얄밉기만 했대. 그래서 니느웨를 사랑하는 하나님을 도무지 이해할 수 없었지.

하나님의 사랑은 변하지 않아. 하지만 요나의 생각에는 말이야, 니느웨는 사랑할 수 없는 곳이었어. 아니, 꼭 요나뿐만은 아니었을 거야. 그때의 니느웨를 아는 사람이라면 다 그렇게 생각했을걸.

니느웨는 말이야, 앗수르라는 나라의 수도야. 사실 니느웨뿐만이 아니라 앗수르 전체가 문제였지. 앗수르는 이스라엘을 자기네 땅이라고 우겼어. 그러면서 앗수르 사람들은 이스라엘 사람들을 괴롭혔지. 물건을 빼앗고, 막 꼬집고 때리고……. 아유, 앗수르의 잘못을 다 말하려면 밤새도록 이야기해야 할걸? 그러니까 당연히 얄미울 수밖에 없잖아. 요나의 생각은 당연한 거였어.

하지만 하나님은 달랐어. 하나님은 요나에게 심부름을 시켰지. 니느웨 땅을 걸어 다니면서 "사십 일이 지나면 니느웨가 무너진다!"라고 외치라는 거였어. 하나님은 니느웨 사람들을 용서해 주시려고 그런 거야.

요나는 투덜투덜거렸지. 요나가 보기에 니느웨가 망하는 건 당연한 일이니까. 그래서 요나는 니느웨로 가지 않고 다시스로 가는 배를 탔어. 요나의 마음을 다 아는 하나님은 큰 물고기가 요나를 꿀꺽 삼키게 하셨지. 요나는 결국 잘못을 뉘우치고 니느웨로 갔어.

하나님의 사랑은 변하지 않아. 물고기 배 속에서 나온 요나는 하나님 말씀을 듣기로 결심했어. 요나는 니느웨를 돌아다니며 외쳤지.

"사십 일이 지나면 니느웨가 무너져요! 사십 일이 지나면 니느웨가 무너진다고요!"

요나는 온종일 목청껏 외치며 뚜벅뚜벅 걸었어. 이마에는 땀이 송골송골 맺히고, 발바닥은 뜨끈뜨끈해졌지.

하나님의 사랑은 변하지 않아. 이 사실을 니느웨 사람들도 알았던 걸까? 요나의 외침을 들은 니느웨 사람들은 하나님을 바로 믿었어. 왕은 신하들과 함께 보드레한 비단옷을 벗고 까슬까슬한 굵은 베옷을 입고 외쳤지.

"사람과 동물 모두 굵은 베옷을 입고, 아무것도 먹지 말고 마시지도 마라! 우리는 하나님께 용서를 구해야 한다!"

니느웨 사람들은 왕의 말을 따라 굵은 베옷을 입고 아무것도 먹지 않았어. 물도 마시지 않았지. 그리고 하나님께 잘못을 빌며 용서를 구했어.

하나님의 사랑은 변하지 않아. 니느웨 사람들은 깨닫게 되었지. 하나님이 니느웨 사람들을 용서하고, 재앙을 내리지 않으셨거든. 나중에 요나가 말이야, 입을 삐죽 내밀고 투덜거렸대. 하나님을 이해할 수 없어서 말이야.

요나는 "왼쪽과 오른쪽도 구별 못 하는 사람들을 어떻게 그렇게 쉽게 용서하세요?"라고 묻고 싶었대. 요나의 마음을 눈치챈 하나님의 말씀을 듣고는 아무 말도 못했지만 말이야.

하나님께서 이렇게 말씀하셨거든. "왼쪽과 오른쪽도 구별하지 못하는 사람들이 십이만 명이나 있고 가축도 많이 있는데 어떻게 아끼지 않겠느냐?"라고 말이야.

하나님의 사랑은 변하지 않아. 요나가 니느웨 사람들을 얄미워한 이유와 하나님이 니느웨 사람들을 사랑한 이유가 같잖아. 어떻게 그럴 수 있을까? 아빠는 말이야, 서로 다른 눈을 가졌기 때문이라고 생각해. 요나는 미움의 눈으로 보았고, 하나님은 사랑의 눈으로 보았던 거지.

아가야, 아빠도 하나님의 눈을 닮으려고 노력할게. 너의 있는 모습 그대로 사랑할 수 있도록 말이야. 그래서 나중에 네가 말해 줬으면 좋겠다. "아빠, 하나님의 사랑은 변하지 않아요. 그리고 아빠의 사랑도 변하지 않아요"라고 말이야.

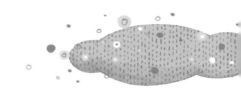

하나님, 나의 잘못을 용서하시고,

나를 여전히 사랑하시는 하나님,

제가 하나님의 눈을 닮기를 원합니다.

아기를 사랑의 눈으로 바라보며,

변치 않는 사랑을 베풀 수 있기를 바랍니다.

저는 여전히 당신의 부족한 아들이나

아기에게 좋은 아빠가 되고 싶습니다.

저를 축복해 주셔서 좋은 아빠가 되게 하시고,

아기를 축복해 주셔서

하나님의 변치 않는 사랑을 경험하게 해 주세요.

하나님,

저희에게 이렇게 큰 축복을 주셔서 감사합니다.

그리고 사랑합니다.

기도 대장 다윗은,
휙휙휙!

아가야, 아빠야! 아빠 목소리, 잘 들리지? 너는 아빠 목소리가 진공청소기 소리처럼 들린다던데? 웅웅웅~ 이렇게 들리는 거야? 아니면, 부우웅~ 이렇게 들리니? 갑자기 궁금해지네. 대답은 들을 수 없으니 통과할게. 어떤 소리로 들리건 잘 들어줘야 해! 네가 잘 들어줄 거라 믿으면서 이야기를 시작할게.

털썩!

다윗은 무릎을 꿇고 앉아서 기도했어.

"하나님, 사자와 곰이 양들을 물어 가지 않게 해 주세요. 하나님께

서 양들을 지켜 주세요. 저는 겁 많고 어린아이지만, 하나님께서 함께
하시면 아무것도 겁나지 않아요."

하나님을 사랑하는 마음으로 기도하고, 하나님께서 맡긴 양들을 사
랑으로 돌보는 용감한 기도 대장. 그게 바로 다윗이야.

벌떡!

기도를 마친 다윗은 일어나서 양들을 돌보았어. 왜 양들을 돌보냐
고? 다윗은 양치기 소년이거든.

"양들아, 너희는 내가 지켜 줄게. 풀을 야금야금 뜯어 먹고, 마음껏
뛰어놀렴. 너희에겐 내가 있잖아."

다윗은 양을 쓰다듬으며 말했어.

"나는 사자가 어슬렁어슬렁 다가올까 봐 두렵지만 다윗이 지켜 줘서 괜찮아."

"나는 곰이 성큼성큼 다가올까 봐 무섭지만 다윗이 있어서 안심할 수 있어."

양들은 서로 이야기를 나누며 다윗을 바라보았지. 다윗은 또 기도하고 있었어. 하나님을 사랑하는 마음으로 기도하고, 하나님께서 맡긴 양들을 사랑으로 돌보는 씩씩한 양치기 소년. 그게 바로 다윗이야.

휙휙휙!

다윗은 물맷돌을 던지고, 또 던졌어.

"하나님, 저는 오늘도 사자와 곰을 물리치는 연습을 해요. 저는 믿어요. 하나님께서 양들을 지켜 주실 거죠? 저에게 용기를 주실 거죠?"

기도를 하면서 물맷돌을 던지면 두려울 것이 하나도 없었지. 하나님께 기도하면 하나님이 용기를 주실 거라고 생각하는 믿음의 용사. 그게 바로 다윗이야.

으르렁!

사자의 소리가 온 마을에 울렸어. 사자는 어슬렁거리며 다가와 양을 덥석 물고 달아났지. 그 광경을 본 다윗의 가슴이 콩닥콩닥 뛰었어. 하지만 다윗은 떨리는 마음을 모른 체하고 물맷돌을 집어 들었어. 하나님이 주신 용기로 말이야. 그리고 연습한 대로 물맷돌을 힘껏 던졌어. 물맷돌이 날아가서 사자의 이마에 쿵 떨어졌지. 사자는 깜짝 놀라 물고 있던 양을 퉤 뱉었어. 양은 종종거리며 뛰어와 다윗의 등 뒤로 숨었지.

"걱정 마. 하나님께서 지켜 주실 거야."

다윗은 양을 안심시키고, 사자를 보며 주먹을 불끈 쥐었어. 하나님이 주신 용기를 집어 들고, 하나님의 이름으로 나아가는 하나님의 아들. 그게 바로 다윗이거든.

콩콩콩!

다윗의 가슴이 뛰었지. 하지만 하나님이 주신 용기가 있잖아. 그 용기로 양을 지켜야 하잖아. 다윗은 마음속으로 기도하고 외쳤어.

"올 테면 와 봐! 나는 하나님께서 지켜 주실 테니까!"

다윗은 눈에 힘을 주고 앞을 보았지. 그런데 이게 웬일이야? 울면서 도망을 가고 있네. 양이 도망을 가냐고? 아니, 아니. 사자가 말이야, 잉잉 울면서 저 멀리로 사라지지 뭐야.

"내가 사랑하는 양아, 이제는 걱정하지 마. 하나님께서 우리를 지켜 주셨어. 봐, 사자는 이제 보이지도 않아."

다윗은 양을 번쩍 안아 들었어. 양은 눈을 끔벅거리며 앞을 보았지. 정말 사자는 보이지 않았어. 마음이 놓인 양은 다윗의 품에 안겨 쌔근쌔근 잠이 들었어. 양들을 지키기 위해 항상 기도하고, 물맷돌로 연습하고, 용기를 내서 사자를 물리쳐 주는 늠름한 아빠. 그게 바로 다윗이거든.

휙휙휙!

다윗은 시간이 날 때마다 물맷돌을 던지는 연습을 했지. 언제 또 사자가 와서 양들을 괴롭힐지 모르니까 말이야.

"하나님, 용기를 주세요. 저는 작은 아이지만, 하나님께서 용기를 주시면 할 수 있습니다."

다윗의 기도 소리가 울려 퍼졌지. 다윗은 연습을 열심히 하고, 기도도 게을리하지 않았어. 언제나 하나님을 사랑하고, 하나님을 향한 마음이 깊은, 하나님의 사람. 그게 바로 다윗이거든.

크르릉!

이번에는 곰이 다가왔어. 집채만 한 곰이 어슬렁거리며 양들에게 점점 다가왔지. 하지만 양들은 이제 겁내지 않아. 다윗이 잘 지켜 줄 테니까.

털썩 무릎 꿇고 기도하고, 휙휙휙 물맷돌 던지는 연습을 부지런히 하고, 쉼 없이 양들에게 사랑을 전하는 목동. 그게 바로 다윗이니까.

하나님,

나를 사랑해 주시고, 내가 사랑하는 하나님.

나에게 베푸셨던 것처럼 아기에게 베풀어 주세요.

내가 경험했던 그 은혜와 사랑을 아기도 경험하게 해 주세요.

하나님께서 아기를 지켜 주시기를 바라고, 원합니다.

세상의 위험에서 건져 주시고,

하나님이 주신 고난을 잘 이기게 해 주시고,

자신이 처한 문제는

스스로 해결할 줄 아는 사람이 되게 해 주세요.

별 아저씨들이
헤벌쭉 웃었지

아가야, 잘 있었지? 하하, 네가 보이지도 않는데 말을 걸려니까 여전히 쑥스럽네. 하지만 네가 기뻐할 모습을 상상하면서 용기를 내 볼게. 동화를 읽는 시간이니까 더 즐거운 생각을 해야겠다. 네가 헤벌쭉 웃는 모습을 떠올려 볼까? 네가 태어나서 내 품에 안겨 헤벌쭉 웃어 준다면? 정말 이 세상이 모두 내 것이 된 것처럼 기쁠 거야.

아주 먼 옛날에, 별 아저씨 세 명이 살았어. 사람들은 별 아저씨들을 '동방 박사'라고 불렀어. 별 아저씨들은 별을 연구하는 박사님들이었거든.

별 아저씨들은 매일 반짝이는 별을 보고, 별에 대해 쓱쓱 쓰고, 속 닥속닥 별 이야기를 나누었어. 그러던 어느 날, 유난히도 반짝이는 별 을 발견했지.

"저것 좀 봐! 저렇게 큰 별은 처음 봐. 음, 뭔가 좋은 일이 있는 게 분명해!"

번쩍 아저씨가 말했지.

"모든 사람이 경배할 아기 왕이 나심을 알리는 거야!"

반짝 아저씨가 말했지.

"그래, 맞아. 우리, 저 별을 따라가 보자!"

빤짝 아저씨가 말했어.

별 아저씨 세 명은 그 별을 따라가기로 했어. 각자 짐을 챙기고 집 을 나서는데, 번쩍 아저씨가 말했어.

"우리, 아기 왕에게 가는 거잖아. 그럼 선물을 준비해야지!"

"맞아, 맞아!"

별 아저씨들은 각자 선물을 준비하느라 바빴지. 무엇을 준비할까 갸우뚱거리기도 하고, 선물을 결정했다며 이마를 탁 치기도 했어.

얼마쯤 시간이 흘렀을까? 빤짝 아저씨의 이마에 땀이 송골송골 맺힐 때쯤, 번쩍 아저씨가 말했어.

"어, 별이 움직여!"

별 아저씨들은 문을 벌컥 열고 허겁지겁 나왔지. 별을 따라 걸으며 번쩍 아저씨가 말했어.

"그런데 선물은 다 준비해 온 거야?"

반짝 아저씨와 빤짝 아저씨는 고개를 끄덕거렸어.

"내 선물은 번쩍거리는, 황금이야!"

번쩍 아저씨가 소리쳤지.

"나는 향기로운, 유향!"

반짝 아저씨가 소리쳤지.

"나는 아픈 곳을 낫게 하는, 몰약!"

빤짝 아저씨가 소리쳤어.

별 아저씨들은 싱글벙글 웃으며, 별을 따라서 뚜벅뚜벅 걸었지. 어라, 별이 멈췄어! 별은 어느 궁전 위에서 반짝이고 있었어. 그 궁전은 별처럼 반짝거리는 보석들로 꾸며져 있는 멋진 궁전이었지.

'이 궁전에서 아기 왕이 나셨을 거야!'

별 아저씨들은 이렇게 생각하고, 궁전으로 가 물었지.

"이 궁전에서 아기가 태어났나요?"

"네, 며칠 전에 왕비님이 아기를 낳았어요!"

문지기의 대답을 듣고, 별 아저씨들은 헤벌쭉 웃었지. 별 아저씨들은 '아기 왕이 여기서 태어났구나!'라고 생각하며 궁전 안으로 들어갔어. 그런데 이게 웬일이야! 별이 또 움직이지 뭐야.

별 아저씨들은 또 뚜벅뚜벅 길을 떠났지. 얼마나 걸었을까? 반짝 아저씨는 다리에 힘이 하나도 없었고, 번쩍 아저씨는 발바닥에 불이 나는 거 같았어. 빤짝 아저씨는 금방이라도 쓰러질 것 같았지. 바로 그때, 또 별이 멈췄어! 그곳은 아주 아름다운 성이었지. 별 아저씨들은 성으로 들어가며 헤벌쭉 웃었지.

그 성에는 헤롯 왕이 살고 있었어. 별 아저씨들은 두근거리는 마음으로 헤롯 왕에게 갔어. 그리고 자신들에게 있었던 일을 속닥속닥 이야기해 주었지. 그런데 이게 웬일이야! 헤롯 왕이 갑자기 붉으락푸르락 화를 내지 뭐야.

"왕은 나 하나다!"

헤롯 왕은 버럭 소리를 질렀어. 별 아저씨들은 깜짝 놀랐지. 별도 깜짝 놀랐나 봐. 갑자기 또 움직이기 시작했어.

별 아저씨들은 헐레벌떡 성을 나와 또다시 별을 따라갔지. 얼마나 걸었을까? 반짝 아저씨는 이마에 땀이 송골송골 맺혔고, 번쩍 아저씨는 이마의 땀이 얼굴을 타고 또르르 흘러내렸지.

빤짝 아저씨는 이마의 땀이 얼굴을 타고 배꼽까지 또르륵 흘러내렸어. 바로 그때, 번쩍 아저씨가 소리쳤어.

"어! 별이 멈췄어!"

"어, 정말이네! 그런데 이렇게 허름한 집에 정말 아기 왕이 살까?"

반짝 아저씨가 물었어.

"그건 하나님만이 아시지. 내가 한번 문을 두드려 볼게."

빤짝 아저씨가 대답했지. 빤짝 아저씨는 똑똑똑 문을 두드렸어. 곧 문이 열렸고, 집 안에는 아기와 아빠, 엄마가 있었지. 별 아저씨들은 서로의 얼굴을 보며 헤벌쭉 웃고는 털썩 무릎을 꿇었어.

"맞군요! 아기 왕을 드디어 만났네요!"

반짝 아저씨는 감격의 눈물을 흘리며 말했지.

"아기 왕께 경배를 드립니다!"

번쩍 아저씨는 기쁨의 미소를 지으며 말했어.

"오, 세상에! 하나님, 감사합니다!"

빤짝 아저씨는 감동의 박수를 치며 말했단다.

아기를 위한, 축복 기도

하나님,

우리 아기가 삶 속에서 예수님을 만나기를 원합니다.

예수님의 가르침을 받으며, 예수님을 사랑하고,

예수님을 만나는 기쁨을 누리며 살아갈 수 있도록 도와주세요.

예수님을 찾아 나선 동방 박사들처럼,

예수님을 따라 사는 행복한 사람이 되기를 원합니다.

아기의 삶을 축복해 주시고,

그 넓은 품으로 아기를 안아 주세요.

주 안에서 강건하게 자라기를 소망하며 기도드립니다.

사마리아 성에
기쁨이 넘쳤어

아가야, 우리 기쁘고 행복하게 살자. 때론 어려운 일도 있겠지. 힘들 때도 있을 거야. 넘어질 수도 있어. 하지만 우리는 넘어졌다고 주저앉아 울기보다는 씩씩하게 일어나는 가족이 되자! 하나님을 따라서 항상 기쁘고 행복하게 살려고 노력하면, 어려운 일도 힘든 일도 기쁘게 극복할 수 있단다. 우리 함께 이겨 내고, 함께 기뻐하고, 함께 웃으며, 행복하게 살아 보자. 알겠지?

'사마리아 사람들도 하나님 앞에서는 우리와 같은 죄인이야. 예수님을 믿고 구원을 받게 해야 해. 내가 사마리아 사람들에게 가서 복음을 전해야겠어!'

빌립 집사님은 주먹을 불끈 쥐고 결심했어. 그리고 짐을 꾸렸지. 사마리아로 가서 예수님의 말씀을 전하려고 말이야. 빌립 집사님은 사마리아 사람들을 만날 생각을 하니 가슴이 두근두근, 심장이 콩닥콩닥 뛰었대. 하지만 다른 사람들은 빌립 집사님을 보며 구시렁거렸지.

"빌립 집사는 미쳤나 봐. 도대체 왜 사마리아로 간다는 거야?"

"사마리아 사람들은 이방인과 결혼했으니 이방 민족이라고. 우리처럼 하나님의 민족이 될 수 없잖아. 그걸 모르는 거야?"

"왜 모르겠어? 우린 우연히 사마리아 사람들을 만나도 콧방귀를 뀌며 지나가는걸. 빌립이 모를 리가 없잖아."

사람들은 빌립 집사님이 사마리아로 떠나는 걸 반대했어. 그러나 빌립 집사님은 싱글벙글 마음에 기쁨이 넘쳤지.

"예수님을 믿으세요! 예수님을 믿어야 구원을 받습니다!"

드디어 사마리아 성에 도착한 빌립 집사님은 큰 소리로 외쳤어. 사람들이 다가와 물었지.

"아니, 당신은 유대 사람 아니오?"

"네, 맞습니다. 저는 유대 사람, 빌립 집사라고 합니다."

"그런데 왜 여기에 왔소?"

"나만 천국에 갈 수 없으니까요. 여기 사람들에게도 복음을 전하러 왔습니다."

사마리아 사람들은 모두 모여 빌립 집사님의 이야기를 들었어. 사마리아 사람들은 가슴이 두근두근, 심장이 콩닥콩닥 뛰었지. 처음 듣는 예수님 이야기에 마음이 설레었거든.

"예수님을 믿으세요! 예수님을 믿어야 구원을 받습니다!"

빌립 집사님은 목청껏 외쳤어.

"예수님을 믿겠습니다!"

"나도요! 나도 믿겠어요!"

사마리아 사람들은 손을 번쩍 들며 외쳤지.

사마리아 성에는 예수님을 믿는 사람들이 매일매일 늘어났어. 모두들 싱글벙글 웃으며 지냈지. 사람들이 깜짝 놀랄 일이 한 번 생기기는 했지만 말이야. 무슨 일이냐고? 누군가 "예수님을 믿겠습니다!"라고 외쳤거든. 그런 일은 많지 않았냐고? 응, 맞아. 아주 많

앗지. 그런데 그렇게 외친 사람이 바로 시몬이어서 놀란 거야.

시몬은 마술사야. 시몬이 마술을 부리는 것을 보면서 사람들은 말했지.

"시몬은 하나님의 능력을 받은 사람일 거야."

"맞아. 그러니까 저렇게 신기한 마술을 부리지."

시몬은 어깨를 으쓱하며 말했어.

"놀라지 마세요. 나는 원래 큰사람이니까요."

시몬은 우쭐거리며 뽐냈어. 사람들은 시몬의 이런 모습에 익숙했지.

그랬던 시몬이 예수님을 믿겠다고 외친 거야. 사람들의 눈이 동그래지고, 입이 쩍 벌어졌지.

"어머, 시몬이야?"

"자기 스스로 큰사람이라고 말하던 시몬이 정말 예수님을 믿겠다고 한 거야?"

"시몬이 그런 걸 보면 예수님은 정말 구세주인가 봐."

사람들은 저마다 시몬에 대해 떠드느라 바빴지. 하지만 놀라지 않은 사람이 한 사람 있었어. 바로 빌립 집사님이었지. 빌립 집사님은 시몬의 행동을 당연하게 생각했어. 하나님은 누구에게나 하나님이거든. 그리고 예수님은 누구나 만나 주시는 분이거든. 빌립 집사님은 이 사실을 알고 있었던 거야.

"예수님을 믿으세요! 예수님을 믿어야 구원을 받습니다!"

빌립 집사님은 큰 소리로 외쳤고,

"예수님을 믿겠습니다!"

"나도요! 나도 믿겠어요!"

사마리아 사람들도 큰 소리로 외쳤지.

어느새 사마리아 성에 기쁨이 넘쳤어. 예수님을 믿는 사람들이 많아지면서 기적도 많이 일어났거든. 몸이 아픈 사람들이 깨끗하게 낫고, 마음이 아픈 사람들도 말끔하게 나았지.

빌립 집사님은 싱글벙글 웃으며 시몬을 보았어. 시몬도 방실방실 웃으며 빌립 집사님을 보았지. 예수님을 믿게 된 시몬은 빌립 집사님과 함께 다녔거든.

"예수님을 믿으세요! 예수님을 믿어야 구원을 받습니다!"

어? 어디선가 빌립 집사님의 우렁찬 목소리가 들리는 거 같지 않니? 히히, 생각만 해도 마음에 기쁨이 넘치는 일이다. 그렇지?

하나님,

아기가 세상에 나오는 그날까지

엄마의 배 속에서 건강하게 자라도록 도와주세요.

세상에서 살아가는 동안에도

몸이 건강하고 마음이 건강한 사람이 되도록 도와주세요.

주님의 말씀을 마음에 새기고,

주님이 주신 기쁨으로 충만한 아이가 되도록

축복해 주세요.

다윗은 코끝이 찡했어

아가야, 아빠는 정말 좋은 아빠가 되고 싶어. 쉽지 않겠지? 하지만 노력할게. 입으로 말하는 사람이 아니라, 삶으로 말하는 사람이 되도록 노력할게. 예수님의 말씀을 전할 뿐 아니라, 예수님의 말씀대로 사는 아빠가 되도록 기도하며 노력할게. 너를 위해서, 너의 엄마를 위해서, 우리 가정을 위해서, 아주 많이 노력하는 아빠가 될게.

다윗은 설레는 마음으로 아들 압살롬을 기다리고 있었어. 아주 오랜만에 아들을 만나는 날이었거든. 얼마나 기다렸을까? 다윗의 눈에 터덜터덜 걸어오는 압살롬이 보였지. 압살롬의 모습은 형편없었지만,

아름다운 머리칼만큼은 여전했어. 다윗은 나지막한 소리로 아들의 이름을 불렀지.

"내 아들아, 내 아들 압살롬아……."

다윗은 코끝이 찡했어. 큰 잘못을 저지르고 떠났던 압살롬이지만, 그래도 다윗에게는 여전히 사랑스러운 아들이었지.

"아버지, 잘못했습니다."

다윗의 앞에서 압살롬이 말했어. 다윗은 뭉클한 마음을 안고 대답했어.

"괜찮다, 괜찮다."

다윗은 아들의 모습을 다시 볼 수 있다는 생각만으로도 기뻤어. 압살롬이 무슨 잘못을 했든지 꾸짖고 싶지 않았지. 그때 압살롬을 꾸짖었다면 참 좋았을 텐데, 다윗은 그저 압살롬을 보며 즐거워했어. 압살롬의 말이 거짓이라는 걸 다윗은 알 수 없었지.

어느 날, 이스라엘 백성 중 한 사람이 다윗을 찾아왔어. 압살롬은 그에게 다가가 물었어.

"왜 우리 아버지를 찾아왔나요?"

"네, 어려운 일에 처해서 다윗 왕께 도움을 구하려고 왔습니다."

압살롬은 눈을 반짝이며 그에게 더욱 바짝 다가가 말했어.

"아버지가 바빠서 당신의 어려운 일을 도와줄 수 없으니 내게 말해요. 내가 도와줄게요."

그는 압살롬을 믿고 소곤소곤 이야기해 주었지. 압살롬은 그에게 도움을 주었어. 그다음 날에도, 또 그다음 날에도 압살롬은 다윗을 찾아온 백성들을 만났어. 이야기를 들어주고, 도움을 주었지. 점점 압살롬을 따르는 백성들이 많아졌어. 그뿐만이 아니었어. 압살롬은 여기저기 다니며 사람들의 귀에 대고 소곤거렸어.

"아버지보다 내가 더 뛰어나요. 나를 따르세요."

이스라엘 사람들은 압살롬의 꼬임에 넘어갔어. 다윗을 잘 따르던 아히도벨도 압살롬을 따르기로 마음먹었지. 압살롬의 마음이 가짜라는 걸 백성들은 알 수 없었어.

압살롬은 그렇게 자신의 편을 모으고 나서, 아버지를 물리치려고 했던 거야. 압살롬은 왕이 되고 싶었고, 압살롬의 바람은 곧 이루어졌지. 압살롬은 자신의 편을 이끌고 가서 다윗에게 외쳤어.

"물러나시오! 이제 내가 왕이 되겠소!"

다윗은 코끝이 찡했지. 그런 아들의 모습이 자신 때문인 것만 같아

서 말이야. 다윗은 그 상황을 피하려고 산으로 올라갔어. 뚜벅뚜벅 걷는 발걸음이 얼마나 무거웠을까? 맨발에 가시가 박히고 자갈이 걸리는데도 느낄 수 없었어.

다윗은 한없이 가라앉은 마음으로 하나님께 물었어.

"이렇게 큰 잘못을 저지르는 자가 정말 내 아들이 맞나요? 그렇게 아름다운 머리칼을 가진 멋진 나의 아들이, 정말 이렇게 큰 잘못을 저지르고 있는 건가요?"

다윗은 믿고 싶지 않았어. 압살롬의 사과도, 마음도 가짜였다는 걸 말이야.

얼마 후, 다윗에게 기쁜 소식이 들려왔어. 다윗의 편이 승리를 거둔 거야.

"왕이시여, 저희가 이겼습니다!"

"기쁘시지요? 하나님이 도우셨습니다."

다윗의 부하들은 기쁨이 가득한 얼굴로 말했지. 다윗은 부하들의 어깨를 토닥이며 말했어.

"그래, 기쁘구나. 정말 수고했다."

다윗은 들뜬 목소리로 말하려고 노력했어. 그런데 코끝이 찡해져 오는 건 어쩔 수 없었지.

'하나님, 내 아들 압살롬이 왜 그렇게 됐을까요? 다 저의 잘못 때문인 것만 같습니다. 제가 그 아이 대신 벌을 받고 싶습니다.'

다윗은 마음으로 하나님께 말했어. 다윗의 마음은 진짜였지. 하지만 이미 늦었어. 아들을 꾸짖을 수 있을 때 꾸짖고, 사랑할 수 있을 때 사랑하지 못했다는 사실이, 다윗의 코끝을, 다윗의 마음을, 다윗의 삶을 찡하게 만들었지.

아빠를 위한, 축복 기도

하나님,

저를 축복해 주세요.

하나님의 마음에 합한 아빠가 되기를 원합니다.

그저 사랑하는 것이 아니라,

매일 사랑한다고 말하고,

사랑을 삶으로 보여주는 아빠가 되기를 원합니다.

그저 응원하는 것이 아니라,

때에 맞게 꾸짖으며, 올바르게 훈육하며,

아름다운 권위를 세우는 아빠가 되기를 원합니다.

예수님을 닮아 가는 좋은 아빠가 될 수 있도록,

저를 축복해 주세요.

지혜로운 아기로 키우는
잠언 태교 1

♥

    잠언을 '지혜서'라고도 하지요. 잠언에는 지혜롭게 살아가는 방법과 지혜의 말이 담겨 있기 때문입니다. '잠언 태교'는 말 그대로 아기에게 잠언을 읽어 주는 태교법으로, 지혜로운 아기로 키우는 데 좋은 태교법입니다. 유대인의 특별한 태교법으로 잘 알려져 있지요. 또한 잠언은 시의 형태를 이루고 있기 때문에 '시 태교'의 효과도 누릴 수 있습니다. '시 태교'는 감성 지수를 키워 주는 전통 태교법이지요.

    이 책에 수록된 '잠언 태교'는 태교에 도움이 되는 잠언을 선정하여 한 편의 시처럼 재구성한 것입니다. 아빠와 아기의 지혜가 함께 자라도록 마음으로 한 번 묵상해 주시고, 그다음에 소리 내서 읽어 주세요.

자녀에게 주는 교훈 _ 잠언 3장

1
내 아들아,
나의 법을 잊어버리지 말고

네 마음으로 나의 명령을 지키라.

그리하면 그것이 네가 장수하여 많은 해를 누리게 하며

평강을 더하게 하리라.

인자와 진리가 네게서 떠나지 말게 하고

그것을 네 목에 매며 네 마음 판에 새기라.

그리하면 네가 하나님과 사람 앞에서

은총과 귀중히 여김을 받으리라.

너는 마음을 다하여 여호와를 신뢰하고

네 명철을 의지하지 말라.

너는 범사에 그를 인정하라.

그리하면 네 길을 지도하시리라.

스스로 지혜롭게 여기지 말지어다.

여호와를 경외하며 악을 떠날지어다.

이것이 네 몸에 양약이 되어

네 골수를 윤택하게 하리라.

네 재물과 네 소산물의 처음 익은 열매로

여호와를 공경하라.

그리하면 네 창고가 가득히 차고

네 포도즙 틀에 새 포도즙이 넘치리라.

내 아들아,

여호와의 징계를 가벼이 여기지 말라.

그 꾸지람을 싫어하지 말라.

여호와께서 그 사랑하시는 자를 징계하기를

마치 아비가 그 기뻐하는 아들을 징계함같이 하시느니라.

지혜를 얻은 자와 명철을 얻은 자는

복이 있나니

이는 지혜를 얻는 것이 은을 얻는 것보다 낫고

그 이익이 정금보다 나음이니라.

2

지혜는 진주보다 귀하니

네가 사모하는 모든 것으로도

이에 비교할 수 없도다.

그의 오른손에는 장수가 있고

그의 왼손에는 부귀가 있나니

그 길은 즐거운 길이요,

그의 지름길은 다 평강이니라.

지혜는 그 얻은 자에게 생명 나무라

지혜를 가진 자는 복되도다.

여호와께서는 지혜로 땅에 터를 놓으셨으며

명철로 하늘을 견고히 세우셨고

그의 지식으로 깊은 바다를 갈라지게 하셨으며

공중에서 이슬이 내리게 하셨느니라.

내 아들아,

완전한 지혜와 근신을 지키고

이것들이 네 눈앞에서 떠나지 말게 하라.

그리하면 그것이 네 영혼의 생명이 되며
네 목에 장식이 되리니
네가 네 길을 평안히 행하겠고
네 발이 거치지 아니하겠으며
네가 누울 때에 두려워하지 아니하겠고
네가 누운즉 네 잠이 달리로다.

너는 갑작스러운 두려움도
악인에게 닥치는 멸망도 두려워하지 말라.
여호와는 네가 의지할 이시니라.
네 발을 지켜 걸리지 않게 하시리라.

네 손이 선을 베풀 힘이 있거든
마땅히 받을 자에게 베풀기를 아끼지 말며
네게 있거든 이웃에게 이르기를
갔다가 다시 오라 내일 주겠노라 하지 말며

네 이웃이 네 곁에서 평안히 살거든

그를 해하려고 꾀하지 말라.

사람이 네게 악을 행하지 아니하였거든

까닭 없이 더불어 다투지 말며

포학한 자를 부러워하지 말며

그의 어떤 행위도 따르지 말라.

패역한 자는 여호와께서 미워하시나

정직한 자에게는 그의 교통하심이 있으며

악인의 집에는 여호와의 저주가 있거니와

의인의 집에는 복이 있느니라.

진실로 그는 거만한 자를 비웃으시며

겸손한 자에게 은혜를 베푸시나니

지혜로운 자는 영광을 기업으로 받거니와

미련한 자는 수치를 받느니라.

사랑 ＊ 희락

화평 ♥ 온유

성령의 세 번째 열매 '화평'은 하나님과 나와의 관계를 회복하고 조화를 누리는 것을 말합니다. 마음에 화평이 있으면 모든 사람을 수용하고, 상대방을 진심으로 칭찬하며, 모든 사람의 유익을 좇아 화목하게 지낼 수 있지요. 성령의 여덟 번째 열매 '온유'는 하나님의 뜻을 받아들이기 어려운 상황일지라도 마음에 불편함 없이 수용하는 마음입니다. 온유한 사람은 인자하고 겸손할 뿐만 아니라, 상대방을 포근하고 부드러운 마음으로 감싸 안을 줄 알지요. 화평과 온유의 성품이 함께 있는 사람은 마음의 평화를 누릴 수 있습니다.

동화 태교를 한 아빠는 대화를 잘하는 아빠가 될 확률이 많습니다. 동화 태교는 대화의 시작이니까요. 그렇다고 급하게 서두르지는 마세요. 아기를 사랑하는 마음을 듬뿍 담아 또박또박 이야기를 건네는 것이 좋습니다. 매일 한 편씩 읽어 주시는 것이 좋지만, 기분이 좋지 않으실 때는 피해 주세요. 아내의 기분이 언짢을 때도 마찬가지지요. 아기에게 좋지 않은 정서가 전달된다면, 아무리 좋은 태교를 해도 소용이 없으니까요. 오늘 기분은 괜찮으신가요? 아내도 밝은 표정을 짓고 있나요? 그렇다면 오늘도 행복한 동화 태교를 하실 수 있습니다.

젊은이는 왜 모세에게
달려갔을까?

아가야, 사랑하는 우리 아가야. 아빠는 말이야, 얼른 네가 세상에 나왔으면 좋겠어. 너의 이름을 불러 보고 싶어. 너의 생김새도, 으앙으앙 우는 목소리도, 까르르 웃는 입모양도 무척 궁금해. 하지만 네가 나오는 날까지 꾹 참고 기다릴게. 배 속에서 건강하게 잘 자라고, 배 속에서 살아야 하는 시간을 다 채우고 나오렴. 그날을 기대하며 기도할게.

아주 먼 옛날의 어느 날, 헐레벌떡 뛰어가는 한 사람이 있었어. 그 사람이 제목에서 말한 젊은이냐고? 아니, 아니야. 그는 평안한 마음을 가진 이스라엘의 지도자, 모세였어. 모세는 칠십 명의 장로를 찾아

다니는 중이었지. 왜 칠십 명의 장로를 찾아다니냐고? 그건 하나님이 모세를 불러 이렇게 말씀하셨기 때문이야.

"장로 칠십 명을 데려오너라. 네가 지도자로 알고 있는 사람을 뽑아 오면 되느니라. 네가 그들과 함께 서 있으면 내가 가서 너에게 있는 영을 그들에게 줄 것이다. 그러면 그들이 너와 함께 백성을 돌볼 수 있지 않겠느냐?"

그러니까 모세는 하나님의 명령을 따르고 있는 거였어. 얼마나 뛰었을까? 모세는 장로 한 명을 발견했어.

"하나님이 당신을 찾으십니다. 얼른 장막으로 가세요."

"네, 알겠습니다."

장로 한 명이 장막으로 후다닥 뛰어갔지.

모세는 또 헐레벌떡 뛰어가 여러 명의 장로를 만났어.

"하나님이 여러분을 찾고 계세요. 얼른 장막으로 가세요."

"네, 그럴게요."

여러 명의 장로들이 장막으로 뚜벅뚜벅 걸어갔지. 모세는 땀을 뻘뻘 흘리며 여기저기 다니면서 칠십 명의 장로를 다 모았어. 모세는 웅성거리는 장로들에게 큰 소리로 말했어.

"자, 이제 다 모였네요. 모두 장막 둘레에 서세요."

장로들이 장막 둘레에 서자, 모세도 그들과 함께 섰어.

저 멀리서 뭉게구름이 내려왔어. 그 구름 가운데 하나님이 계셨지.

"모세야, 장로들이 다 모였느냐?"

"네, 다 모였습니다, 하나님."

하나님은 모세에게 주셨던 영을 칠십 명의 장로에게 차례차례 나눠 주셨어. 장로들은 그 영을 받고 예언을 했지.

바로 그때, 어떤 사람이 모세에게 달려갔어. 그가 바로 젊은이냐고? 맞아, 맞아. 그가 바로 모세의 일을 잘 돕고 있는 젊은이, 여호수

아였어. 여호수아가 왜 모세에게 달려갔을까? 아빠도 궁금하네. 우리 계속 이야기를 읽어 보자.

여호수아는 숨을 몰아쉬며 모세한테 다가갔어.

"엘닷과 메닷이 진에서 예언하고 있습니다."

여호수아는 보로통한 표정으로 말했지. 엘닷과 메닷이 누구냐고? 엘닷과 메닷도 모세가 뽑은 장로들이야. 그들에게도 하나님이 주신 영이 임해서 예언을 했던 거지. 그런데 왜 장막으로 오지 않고 진에서 있었냐고? 글쎄, 모세를 별로 좋아하지 않았던 게 아닐까? 그렇다면 "모세가 하는 일은 따르고 싶지 않아"라고 말하며 보로통한 표정을 짓고 있었을 거야. 아니면, 몸이 아팠던 게 아닐까? 그렇다면 "나는 가고 싶지만 몸이 말을 듣지 않아"라고 말하며 시름시름 앓았겠지. 아니면, 겸손하게 사양했던 걸까? "저는 아직 하나님의 영을 받을 만한 사람이 아닙니다"라고 정중히 말했을 수도 있잖아. 아빠의 상상은 여기까지야. 아빠도 정답은 모르거든. 정답은 너의 상상에 맡길게. 자, 이제 여호수아의 말을 끝까지 들어 보자.

"엘닷과 메닷이 진에서 예언하고 있습니다. 그것을 금지시키소서."

여호수아가 말했어. 여호수아는 그들이 모세와 같은 영을 가지는 게 별로 좋지 않았나 봐. 아빠는 그 마음을 이해할 수 있을 것 같아. 하나님이 아빠에게 준 선물을 다른 친구들에게 똑같이 주신다면, 조금 질투가 날 것 같거든. 아빠 마음에 철썩 파도가 일지도 모르겠어. 하지만 모세는 달랐어. 모세는 항상 강 같은 평화를 마음에 지니고 있었거든.

"여호수아야, 네가 나를 위해 질투를 하는 것이냐? 그렇게 생각하지 말거라. 나는 하나님의 백성이 모두 다 예언을 했으면 좋겠구나. 하나님께서 그의 영을 모두에게 내리셨으면 좋겠다."

모세가 말했어. 여호수아는 더 이상 할 말이 없었지.

"알겠습니다."

여호수아는 모세의 뜻을 받아들였어.

칠십 명의 장로들은 하나 둘씩 집으로 돌아갔어. 그들은 집으로 가면서 들뜬 목소리로 말했지.

"하나님이 우리에게도 영을 주시다니……. 이 얼마나 기쁜 일인가?"

"정말 감사한 일이지."

"그러게 말일세."

그들은 행복했고, 그들을 보는 모세도 행복했지. 여호수아는 어땠
냐고? 모세의 깊은 뜻을 알게 된 여호수아도 행복하지 않았을까? 아
빠 생각은 그런데, 너의 생각은 어때? 나중에 꼭 말해 줘.

평강의 하나님,

우리 아기가 모세의 온유한 성품을 닮기를 원합니다.

언제나 마음의 평화를 누리는 사람이기를 원합니다.

그리고 자신의 평화를 사람들에게 나눠 주고,

사람들과 더불어 화평을 누리는 사람이 되게 해 주세요.

배 속에 있는 지금도, 이 세상에 나와 자라는 동안에도

평안의 씨앗을 마음에 품게 해 주세요.

화평 ★ 온유

하나님의 용사,
기드온!

아가야, 하나님이 함께하신다고 믿는 건 말이야, 그저 믿음에서 끝나는 것이 아니라 우리에게 평화를 선물한단다. 네가 자라면서 불안한 일도 힘든 일도 많겠지만, 그럴 때마다 하나님을 믿고 의지했으면 좋겠어. 하나님이 너와 함께하신다는 걸 기억하고 있다면 두려움도 없단다. 엄마 배 속에서도 꼭 기억하렴. 하나님은 너와 항상 함께하신다는 걸.

"힘센 용사여! 여호와께서 너와 함께하신다!"

하나님의 천사가 나타나 기드온에게 말했어. 기드온은 어리둥절한 표정을 지었지.

"그건 옛날 이야기잖아요. 나도 들었어요. 여호와께서 많은 기적을 일으키셨고, 우리 백성을 이집트에서 이끌어 내셨다는 이야기를요. 하지만 지금은 우리를 버리셨죠. 미디안 사람들이 우리를 괴롭혀도 가만히 계신 걸 보면 알 수 있어요."

기드온은 힘없는 목소리로 말했어. 이번에는 하나님께서 대답해 주셨어.

"너는 나의 용사다. 너에게 이스라엘 백성을 구할 능력이 있다."

기드온은 손사래를 치며 말했지.

"하나님, 제가 어떻게 이스라엘을 구할 수가 있을까요? 저는 아주 보잘것없는 사람입니다. 지금도 미디안 사람들이 무서워서 포도주 틀 안에서 밀을 타작하고 있잖아요. 게다가 우리 집안도 약하지요. 백성을 구할 능력이 없습니다."

기드온은 점점 기어들어 가는 목소리로 말했어. 그러나 하나님께서는 우렁찬 목소리로 기드온에게 힘을 실어 주셨어.

"내가 너와 함께할 것이다. 너는 마치 단 한 사람하고만 싸우는 것처럼 미디안의 군대와 싸워 이길 것이다."

"정말 하나님의 말씀이 맞나요? 그렇다면 저와 이야기하고 있는 분이 정말 주님이시라는 것을 보여 주세요. 제가 예물을 가지고 와서 주님 앞에 바칠게요. 기다려 주세요."

"그래, 기다리겠다."

하나님의 답을 들은 기드온은 헐레벌떡 집으로 들어갔어. 빵과 고기와 국을 준비해서 나왔지. 기드온을 본 천사가 말했어.

"그 고기와 빵을 저기 바위 위에 올려놓아라. 그리고 국을 그 위에 부어라."

기드온은 천사가 시키는 대로 했지. 그러자 천사는 지팡이를 들어 그 음식 위에 갖다 댔어. 그리고 놀라운 일이 벌어졌지. 갑자기 불길이 치솟아서 음식들을 완전히 태워 버렸지 뭐야. 천사는 어디론가 사라지고 없었어. 그제야 기드온은 정말 하나님이 하신 일이라는 걸 알게 되었지. 하지만 그것만으로는 부족했어. 기드온은 하나님께 부탁했어.

"제가 양털 뭉치를 준비해 오겠어요. 그러면 그 양털에 제가 말한 대로 해 주세요."

"그래, 그렇게 하마."

기드온은 헐레벌떡 들어가 보송보송한 양털 뭉치를 가지고 나와서 말했지.

"제가 이 뭉치를 곡식들을 타작하는 마당에 둘게요. 이 양털에만

이슬이 있고 땅은 마르게 해 주세요. 그러면 하나님께서 저를 쓰셔서
이스라엘을 구원하겠다고 말씀하신 것을 믿을게요."

"그래, 알겠다."

다음 날이 되었어. 기드온은 쿨쿨 자고 일어나 마당으로 나갔지.
그런데 정말 양털에만 이슬이 남아 있고 땅은 딱딱하게 말라 있지 뭐
야. 기드온이 양털을 짜 봤더니 물이 한 그릇 가득히 나왔어. 이제 자
신이 하나님의 용사라는 걸 믿을 만하지? 하지만 기드온의 마음에는
여전히 불안함이 남아 있었나 봐. 기드온은 하나님께 한 번 더 부탁을
드렸어.

"하나님, 한 번만 더 저에게 증거를 보여 주세요. 이번에는 반대로
양털만 마르고 양털 주변의 땅에는 이슬이 있게 해 주세요."

"그래, 알겠다."

기드온은 양털을 두고 다시 집으로 들어갔지.

어느새 캄캄한 밤이 되었어. 별은 찬란하게 반짝이고 달은 환하게 웃고 있었지. 기드온은 마당으로 가서 양털을 살펴보았어. 양털이 말라 있었냐고? 응, 맞아. 양털 주변의 땅은 이슬로 젖어 있고, 양털은 바짝 말라 있었어. 기드온은 생각했지.

'그래, 나는 하나님의 용사야. 이제는 믿을 수 있어.'

기드온의 마음에 평화가 찾아왔어. 그리고 기드온은 하나님의 말씀대로 순종해서 하나님의 방법으로 미디안 사람들을 모두 무찔렀지. 드디어 이스라엘에 평화가 찾아왔어.

"이제 미디안 사람들이 올까 봐 겁내지 않아도 되니 얼마나 좋아."

"그러게 말이야, 이게 다 기드온 덕분이야."

"그럼 우리 기드온을 왕으로 삼을까?"

"오, 그거 좋은 생각이네. 기드온이 우리의 왕이 된다면 우리도 더 안심할 수 있을 거야."

행복한 미소를 머금고 이야기를 나누던 이스라엘 백성들은 기드온을 찾아갔어.

"하나님의 용사, 기드온! 당신은 우리를 미디안의 손에서 구했어요. 이제 우리의 왕이 되어 주세요. 당신과 당신의 아들과 손자에 이르기까지 우리를 다스려 주시기를 원합니다."

"네, 우리의 왕이 되어 주세요!"

백성들의 말을 듣고 있던 기드온은 부드러운 목소리로 이렇게 말했어.

"아닙니다. 나와 내 아들은 여러분을 다스리지 않을 거예요. 여호와께서 여러분을 다스리실 것입니다."

왜 그랬냐고? 기드온은 알고 있었거든. 이 모든 일은 하나님께서 하신 일이라는 걸 말이야.

나의 주 아버지,

주님께서 우리 가정에 선물로 주신 아기를 위해 기도드립니다.

우리 아기와 항상 함께해 주시고,

하나님이 함께하신다는 사실을 잊지 않고,

마음의 평화를 유지하도록 도와주세요.

왕의 자리를 거절한 기드온처럼,

겸손하고 온유한 마음을 간직한 사람이 되기를 간구합니다.

요셉은 햇살처럼
환한 미소를 지었지

아가야, 아빠는 너를 생각하면 저절로 웃음이 나. 일을 하다가도 네가 생각나고, 네 생각이 나면 얼굴에 미소가 떠오른단다. 아마 아빠는 사랑에 빠졌나 봐. 물론 너보다 엄마를 더 사랑한단다. 음…… 그래야 가정이 평안한 법이거든. 하하. 하지만 너를 향한 아빠의 사랑도 엄청나게 크다는 걸 기억하렴. 사랑하고 축복한다, 우리 아가.

철커덕.

감옥의 문이 열렸어. 감옥에 갇혀 있던 요셉은 화들짝 놀랐지. 왕의 신하들이 다가와 요셉에게 밖으로 나가자고 했거든. 요셉은 잘못도 하지 않았는데, 잘못했다는 오해를 받고 감옥에 갇혀 있었던 거야.
그로부터 오랜 시간이 흘렀지. 그런데 갑자기 왕의 신하들이 찾아오
니 놀랄 수밖에 없잖아. 요셉은 신하들에게 물었어.

"지금 어디로 가는 거죠?"

"파라오에게 갑니다."

"왜요?"

"당신이 꿈을 잘 풀이한다면서요?"

"내가 하는 게 아니고, 하나님께서 설명해 주시는 거랍니다. 그런
데 누가 그러던가요?"

"우리 동료 중에 포도주를 관리하는 친구가 있는데, 그 친구가 그러더군요."

요셉은 그 말을 듣고 환한 미소를 지었지. 그 미소는 마치 따뜻한 봄날에 만날 수 있는 햇살 같았어. 왜 미소를 지었냐고? 요셉의 머릿속에 한 장면이 떠올랐거든.

2년 전의 일이었어. 감옥에 갇히게 된 어떤 사람이 이상한 꿈을 꾸었다는 말을 하자 요셉이 그에게 물었지.

"꿈을 꾸셨다고요? 나에게 내용을 말해 주실 수 있나요?"

"그럼요. 난 포도나무가 있는 정원에 서 있었어요. 한 포도나무에 가지가 세 개더라고요. 그런데 갑자기 포도송이가 주렁주렁 열리는 게 아니겠어요? 난 그 포도즙을 짜서 컵에 담아 왕에게 드렸어요."

그 이야기를 듣고 있는 요셉의 귀에 하나님이 속삭여 주셨어. 요셉은 하나님이 말씀하신 대로 이야기해 주었지.

"당신은 왕의 포도주를 관리하는 일을 하셨군요. 세 개의 가지는 삼 일을 뜻합니다. 삼 일이 지나면 당신은 감옥에서 풀려나 다시 그 일을 하게 될 거예요."

"그 말이 정말입니까?"

"네, 그렇습니다. 정말 내 말대로 이루어지면 내 부탁 하나만 들어 주실 수 있나요?"

"물론이지요. 얼마든지요."

"나는 잘못한 일이 하나도 없는데 감옥에 갇혀 있습니다. 당신이 나가면 왕에게 내 이야기를 좀 해 주세요."

"알겠습니다. 꼭 그럴게요."

그 사람은 철석같이 약속했어. 그리고 정말 요셉이 말한 대로 삼일 후에 감옥을 나갔지. 요셉은 그 사람이 나가는 것을 보며 환한 미소를 지었어. 그런데 그 사람은 감옥을 나간 후에 요셉과 한 약속을 까맣게 잊어버렸지 뭐야. 그리고 2년이란 시간이 흐른 거야.

요셉은 왕의 신하들과 함께 가면서 생각했어. '그 사람이 약속을 지켰구나. 참 감사한 일이야'라고 말이야. 아가야, 요셉은 참 대단한 거 같아. 아빠 같으면 조금 화가 났을 거 같거든. 2년이라는 긴 시간 동안 기다린 거잖아. 아빠는 그 사람한테 가서 "어떻게 그렇게 중요한 약속을 잊어버릴 수 있나요?"라고 물었을 거야. 하지만 요셉은 그저 환한 미소를 지으며 신하들을 따라갔어.

쏴아아.

비가 오냐고? 아니. 요셉의 몸에 물을
붓는 소리야. 신하들이 요셉을 깨끗하게
씻어 주었거든. 말끔해진 요셉은 신하들
이 준 새 옷을 입고 왕을 만나러 갔어. 왕
은 요셉에게 꿈 이야기를 들려주었지.

"내가 강둑에 서 있는데, 아주 통통한 암소 일
곱 마리가 있었다. 풀을 뜯으면서 말이야. 그런데 어디선가 삐쩍 마
른 소들이 나타나 통통한 암소들을 잡아먹었단다. 그런데 이상한 점
이 있었다. 그렇게 배불리 먹고도 삐쩍 마른 소들은 여전히 삐쩍 말라
있었단다. 그리고 꿈이 하나 더 있다. 내가 곡식이 자라는 들판을 걷
고 있었는데, 땅에서 곡식 줄기 하나가 나와 쑥쑥 자랐단다. 그러더니
그 줄기에서 일곱 개의 이삭이 나왔다. 아주 통통한 곡식 알갱이가 가
득 열린 이삭이었지. 그 이삭을 보고 있는데, 또 그 줄기에서 일곱 개
의 이삭이 나왔단다. 그런데 그 이삭에는 알갱이가 없고, 속이 텅 빈
껍질뿐이더구나."

이번에도 하나님이 요셉의 귀에 속삭여 주셨어. 요셉은 왕에게 하
나님의 말씀을 전했지.

"통통한 일곱 마리의 암소는 칠 년 동안의 풍년이고, 삐쩍 마른 일곱 마리의 암소는 칠 년 동안의 흉년입니다. 두 번째 꿈도 같은 뜻이지요. 일곱 개의 통통한 이삭은 풍년을, 일곱 개의 텅 빈 껍질이 달린 이삭은 흉년이지요. 이 꿈대로 칠 년 동안의 풍년이 들고 나면 칠 년 동안의 흉년이 들 것입니다. 지금부터 대책을 세우셔야 합니다. 풍년이 들었을 때 곡식을 잘 저장해서 흉년이 들었을 때 먹을 수 있도록 해야 합니다."

요셉의 말을 들은 파라오는 흐뭇한 표정을 지으며 말했어.

"하나님께서 너에게 참 많은 지혜를 주신 모양이구나. 네 말대로 하겠다. 그리고 너를 총리로 임명한다. 곡식을 보관할 창고를 짓고 관리하는 일을 맡도록 해라!"

요셉은 환한 미소를 지었어. 봄 햇살 같은 미소냐고? 아니, 봄 햇살보다 백배는 더 환한 미소였단다.

평화의 하나님,

우리 가정이 화목하고 평온하기를 소망합니다.

서로를 생각하면 저절로 웃음이 나고,

서로를 보며 미소 지을 수 있는 가족이 되게 해 주세요.

가정 안에서 봄 햇살보다 환한 미소를 매일 만나며

행복을 꿈꿀 수 있도록,

저희 가족을, 저희 부부를, 저희 아기를 축복해 주세요.

예수님이 어린아이들을
축복해 주셨어

아가야. 하나님이 주신 자연을 보면 말이야, '평화'라는 단어가 떠오른다.
푸르른 나무들과 지저귀는 산새들, 솔솔 부는 바람과 따뜻하게 내리쬐는
햇살……. 모두 주님이 주신 평화거든. 우리 아가는 아직 본 적이 없어서
잘 모르겠지? 곧 네가 나오면 아빠가 널 안고 보여 줄게. 하나님이 주신
자연과 그 속에 담긴 평화를 너도 느껴 볼 수 있도록 말이야.

아주 많이 먼 옛날에, 예수님은 여기저기 다니시며 아픈 사람들의
병을 고쳐 주시고, 하나님의 말씀을 전하셨어. 예수님이 오셨다는 소
리가 들리면 사람들은 정신없이 달려갔지.

"우리 동네에 예수님이 오셨대!"

"아, 정말인가?"

"응, 어서 가 보자고!"

사람들은 금세 모여들었지. 눈을 반짝이며 예수님을 바라보았고, 귀를 쫑긋 세우고 예수님의 이야기를 들었어.

그러던 어느 날이었어. 예수님이 바위에 털썩 앉으며 말씀하셨지.

"여기서 좀 쉬었다 가자꾸나."

"네, 예수님."

제자들이 대답했어.

"우리도 여기서 좀 쉬자."

"그래, 너무 오랫동안 걸었더니 발이 퉁퉁 부었어."

제자들은 예수님과 조금 떨어져서 나무에 기대거나 바위에 앉아서 쉬고 있었어. 얼마나 쉬었을까? 한 제자는 꾸벅꾸벅 졸고, 한 제자는 연달아 하품을 하고 있을 때, 사람들이 몰려왔어. 꾸벅꾸벅 졸던 제자가 벌떡 일어나 말했지.

"무슨 일이시오?"

"네, 예수님을 만나러 가요. 예수님께서 우리 아이들에게 손을 얹어 기도해 주셨으면 좋겠어요."

그 이야기를 듣고 보니, 사람들의 뒤에 어린아이들이 서 있었어. 제자가 손을 벌려 사람들을 막으며 말했어.

"어린아이라면 아주 하찮은 존재인데, 예수님을 만난다구요?"

하품을 하던 제자도 일어나서 사람들을 꾸짖었지.

"이런 잘못을 저지르다니, 어리석군요! 예수님을 성가시게 하지 말고 돌아가세요!"

사람들은 풀이 죽었어. 아이들을 꼭 예수님께 데리고 가서 축복 기도를 받고 싶었거든. 하지만 제자들이 안 된다니 돌아갈 수밖에 없잖아. 사람들은 아이들의 손을 잡고 발길을 돌렸어.

"돌아가지 말고, 이리로 오세요."

어? 아까는 가라더니, 왜 다시 오라는 거냐고? 아, 이건 제자들이 말한 게 아니야. 예수님이 말씀하신 거지. 사람들은 깜짝 놀라 예수님을 바라보았어. 예수님은 제자들을 먼저 꾸짖었지.

"어린아이들이 내게 오는 것을 막지 말라. 하나님의 나라는 이런 어린아이들의 것이다."

제자들은 고개를 푹 숙이고 잘못을 뉘우쳤어. 예수님은 어린아이들에게 가서 손짓했지.

"아이들아, 이리 오거라."

　아이들은 예수님의 곁으로 갔어. 예수님은 아이들을 꼭 껴안아 주시기도 하고, 머리를 쓱쓱 쓰다듬어 주시기도 했지. 그리고 손을 얹어 축복 기도를 해 주셨어. 그 모습을 보고 있는 부모들의 얼굴에 행복이 떠올랐고, 아이들의 얼굴에는 기쁨이 솟아올랐지. 예수님의 얼굴에는 사랑이 흘러넘쳤어. 제자들은 어땠냐고? 예수님의 말씀을 듣고 한없이 부끄러운 마음이 들었대. 아마 쥐구멍이 있었다면 숨고 싶었을 거야.

아기를 위한, 축복 기도

우리의 마음을 주관하시는 하나님,

하나님이 주시는 평화가 우리 맘속에 가득하기를 바랍니다.

우리 아기가 평화로운 마음을 가지고

자라면서 만나는 사람들과 평화로운 관계를 유지할 수 있기를

바랍니다.

세상 살다가 마음이 요동치는 날도 오겠지요.

마음이 힘들고 슬픈 날도 오겠지요.

그런 날에도 주님의 평화를 간구하고,

주님이 주신 평화로 다시 잔잔해지는 축복이 임하기를

기도드립니다.

요아스는
누구의 아빠일까?

아가야, 너의 성품을 위해 기도하고 이야기도 들려주고 있는 멋진 아빠란
다. 배 속에서 잘 듣고 있지? 그런데 우리가 행복하려면 말이야, 아빠의
성품도 참 중요하단다. 아빠는 우리 가정의 리더인데, 갑자기 화를 내거
나 쉽게 흔들리면 안 되잖아. 그러니까 너는 아빠의 성품을 위해 기도해
주렴. 우리는 서로 기도하며 힘을 주는 행복한 가족이 되자. 우리 아가,
사랑한다.

아가야, 오늘은 문제를 낼게. 이야기는 안 들려주냐고? 문제를 맞
히면 들려줄 거야. 그러니까 잘 맞혀 봐. 제목에 나오는 요아스는 아
들이 있어. 자, 그럼 여기서 문제! 요아스는 누구의 아빠일까? 응? 모

르겠다고? 하긴 너무 어렵지? 그럼 힌트를 줄게. 요아스의 아들은 하나님을 잘 믿는 사람이야. 겁이 많아서 포도주를 만드는 틀 안에서 곡식을 타작했지. 하지만 나중에는 '하나님의 용사'라고 불릴 만큼 용감해졌어. 이제 알겠어? 기드온이냐고? 응, 맞아. 하나님의 용사, 기드온이야. 오늘은 기드온의 아빠, 요아스의 이야기를 들려줄게.

요아스는 기드온이 하나님을 믿는 게 싫었어. 요아스는 하나님을 믿지 않고 바알 신을 믿었거든. 그 시대에는 바알 신을 진짜 신이라고 믿는 사람들이 많았어. 요아스도 그중 한 사람이었던 거지. 그러니까 기드온이 못마땅할 수밖에.

"너는 왜 하나님을 믿느냐?"

요아스가 기드온에게 물었어.

"하나님이 진짜 신이니까요."

기드온은 활짝 웃으며 대답했지.

그러던 어느 날이었어. 하나님께서 기드온에게 명령을 내렸어.

"기드온아, 바알 제단을 없애거라!"

기드온은 한참 동안 고민을 했지. 하나님의 말씀을 따르고 싶지만,
자꾸 아빠가 생각났어. 바알 신은 아빠가 믿는 신이시니까 망설여질
수밖에.

기드온은 캄캄한 밤이 될 때까지 고민을 하다가 주먹을 불끈 쥐었
어. 하나님의 말씀을 따르기로 결심한 거야. 부하들을 불러서 말했지.

"지금 당장 가서 바알 제단을 없애거라!"

"네, 알겠습니다."

부하들은 후다닥 뛰어가서 바알 제단을 부수었어.

아침 해가 밝았어. 바알 제단 앞에 사람들이 모여 웅성거리기 시작
했지.

"누구야? 누가 이런 짓을 한 거야?"

"감히 바알 제단을 부수다니……. 내가 가만두지 않을 거야."

"그런데 누가 그런지 알 수가 있어야지."

그때였어. 어떤 사람이 큰 소리로 말했지.

"내가 알아! 그는 요아스의 아들, 기드온이야. 어젯밤에 그가 바알
제단 앞에 있는 걸 내가 봤어."

"뭐야? 그럼 요아스의 집으로 가자."

사람들은 요아스의 집 앞으로 가서 쾅쾅쾅 문을 두드렸지. 집 안에
서 요아스가 나왔어. 요아스는 몰려온 사람들을 보고 깜짝 놀라며 물
었지.

"아니, 무슨 일입니까?"

"당신의 아들 기드온이 바알 제단을 부쉈어요."

요아스는 믿을 수 없었어. 자신이 믿는 신의 제단을 기드온이 부쉈
다니…….

"그게 정말입니까?"

"내가 분명히 봤어요. 당신의 아들이 잘못한 것이니 혼쭐을 내야

해요. 기드온을 혼내 주시오."

"그래요, 아주 무섭게 벌을 줘야 해요!"

사람들의 요구에 요아스는 깊은 한숨을 내쉬었어. 무엇보다 아들을 지켜야 한다고 생각한 요아스는 침을 한 번 꿀꺽 삼킨 후에, 차분한 목소리로 말했어.

"내 아들을 여러분에게 내줄 수는 없습니다."

사람들은 버럭 소리를 질렀지.

"그게 무슨 소리요!"

"우리의 바알 제단이 없어졌다고요!"

요아스는 목소리에 힘을 주고, 더욱 차분한 목소리로 말했어.

"만약 바알이 진짜 신이라면 직접 혼내지 않았겠습니까?"

사람들은 어리둥절했지. 도대체 무슨 소리를 하는지 몰랐거든. 요아스는 다시 입을 열었어. 이번에는 침착하게 말했지.

"바알이 진짜 신이라면 누군가 자신의 단을 허물려고 할 때 스스로 지킬 수 있었겠지요. 허문 사람을 혼내는 건 물론이고요."

사람들은 할 말을 잃었지. 사람들은 "맞네, 요아스의 말이 맞아" 하며 집으로 돌아갔어.

자, 여기서 문제 하나 더 낼게. 요아스처럼 차분한 목소리로 이야기를 들려주는 나는 누구의 아빠일까? 힌트도 줄게. 나는 이 이야기를 읽으면서 아들을 지켜 주는 아빠가 되겠다고 결심한, 아주 멋진 아빠란다. 답을 알겠다고? 세상에서 가장 사랑스러운 우리 아가의 아빠라고? 딩동댕~! 맞아, 정답이야.

나의 주 하나님,

지혜로운 아빠가 되기를 원합니다.

아기에게 버팀목이 되고 보호막이 되며,

주 날개 밑에서 내가 평안을 얻는 것처럼

아기가 자라며 힘들고 지칠 때

편히 쉴 수 있는 그늘을 만들어 주는 아빠이기를 원합니다.

한없이 부족하지만, 좋은 아빠로 성장할 수 있도록

도와주세요.

노력하고, 또 노력하겠습니다.

지혜로운 아기로 키우는

잠언 태교 2

　　지혜와 감성이 자라는 잠언 태교, 두 번째 시간입니다. 아빠와 아기의 지혜가 함께 자라도록 마음으로 한 번 묵상해 주시고, 그다음에 소리 내서 읽어 주세요.

지혜의 중요성 _ 잠언 4장

1

아들들아,

아비의 훈계를 들으며 명철을 얻기에 주의하라.

내가 선한 도리를 너희에게 전하노니

내 법을 떠나지 말라.

나도 내 아버지에게 아들이었으며

내 어머니 보기에 유약한 외아들이었노라.

아버지가 내게 가르쳐 이르기를,

내 말을 네 마음에 두라.

내 명령을 지키라.

그리하면 살리라.

지혜를 얻으며

명철을 얻으라.

내 입의 말을 잊지 말며

어기지 말라.

지혜를 버리지 말라.

그가 너를 보호하리라.

그를 사랑하라.

그가 너를 지키리라.

지혜가 제일이니

지혜를 얻으라.

네가 얻은 모든 것을 가지고

명철을 얻을지니라.

그를 높이라.

그리하면 그가 너를 높이 들리라.

만일 그를 품으면

그가 너를 영화롭게 하리라.

그가 아름다운 관을 네 머리에 두겠고

영화로운 면류관을 네게 주리라 하셨느니라.

2

내 아들아,

들으라.

내 말을 받으라.

그리하면 네 생명의 해가 길리라.

내가 지혜로운 길을 네게 가르쳤으며

정직한 길로 너를 인도하였은즉

다닐 때에 네 걸음이 곤고하지 아니하겠고

달려갈 때에 실족하지 아니하리라.

훈계를 굳게 잡아 놓치지 말고 지키라.

이것이 네 생명이니라.

사악한 자의 길에 들어가지 말며

악인의 길로 다니지 말지어다.

그의 길을 피하고 지나가지 말며

돌이켜 떠나갈지어다.

그들은 악을 행하지 못하면 자지 못하며

사람을 넘어뜨리지 못하면 잠이 오지 아니하며

불의의 떡을 먹으며

강포의 술을 마심이니라.

의인의 길은 돋는 햇살 같아서

크게 빛나 한낮의 광명에 이르거니와

악인의 길은 어둠 같아서

그가 걸려 넘어져도

그것이 무엇인지 깨닫지 못하느니라.

내 아들아,

내 말에 주의하며

내가 말하는 것에 네 귀를 기울이라.

그것을 네 눈에서 떠나게 하지 말며

네 마음속에 지키라.

그것은 얻는 자에게 생명이 되며

그의 온 육체의 건강이 됨이니라.

모든 지킬 만한 것 중에 더욱 네 마음을 지키라.

생명의 근원이 이에서 남이니라.

구부러진 말을 네 입에서 버리며

비뚤어진 말을 네 입술에서 멀리하라.

네 눈은 바로 보며
네 눈꺼풀은 네 앞을 곧게 살펴
네 발이 행할 길을 평탄하게 하며
네 모든 길을 든든히 하라.

좌로나 우로나 치우치지 말고
네 발을 악에서 떠나게 하라.

Chapter 3 선한 영향력을 끼치거라

양선 ♥ 자비

성령의 여섯 번째 열매 '양선'은 보상의 기대 없이 능동적으로 베푸는 선을 말합니다. 하나님을 기쁘게 하는 성품이지요. 양선을 행한 사람은 성내거나 무례히 행동하지 않고, 상대방을 이해하며 함부로 비판하지 않는답니다. 성령의 다섯 번째 열매 '자비'는 사람에게 친절을 베푸시는 하나님의 모습을 닮아 남을 긍휼히 여기는 마음이지요. 자비를 품은 사람은 겉으로 상대를 판단하지 않으며 언행에 경솔하지 않고 친절하고 관대하답니다. 양선과 자비를 고루 갖춘 사람은 이 땅에 선한 영향력을 끼칠 수 있는 사람이지요.

동화를 읽는 것이 이제 조금 자연스러워지셨나요? 아기는 아빠
가 동화를 읽어 주는 것만으로도 행복하답니다. 그런데 아기를
품고 있는 아내가 행복하지 않다면, 그 정서가 그대로 아기에게
전달되겠지요? 그렇다면 아무리 행복한 마음으로 동화를 읽어
도 소용이 없답니다. 동화를 읽기 전에 아내를 한번 안아 주세
요. 그것만으로도 아내는 행복해질 거예요. 동화를 읽고 나서는
동화에 대해 함께 이야기를 나누셔도 좋습니다. 엄마와 아빠의
행복한 대화를 듣는 아기는 하늘만큼 땅만큼 행복할 거예요.

예레미야는
잉잉잉 울었대

아가야, 아빠는 요즘 너를 처음 만났을 때 무슨 말을 해 줄까 고민한단다. 사랑한다고 말할까? 넌 참 특별한 아이라고 말할까? 아무 말도 하지 말고 활짝 웃어 줄까? 아빠는 이렇게 매일 생각한단다. 너는 어떤 말을 들었으면 좋겠니? 네가 가장 좋아할 만한 말을 하고 싶은데…… 음……, 조금 더 고민해 봐야 할 것 같다. 하지만 너는 고민하지 마. 너를 처음 만나는 날이 오면, 아빠는 그저 네 모습만 봐도 행복하고 기쁘고 즐거울 테니까.

아주 오래전에 이스라엘에서 일어난 일이야. 이스라엘 사람들이 하나님의 말씀을 듣지 않고, 말썽만 부렸던 때였지. 하나님은 하나님의 말씀을 잘 전해 줄 만한 사람에게 가서 말씀하셨어. 그의 이름은 예레미야였지.

"예레미야, 나는 네가 엄마 배 속에서 만들어지기 전부터 너를 알았다. 네가 태어나기도 전에 마음먹었지. 너를 내 말을 잘 전해 줄 선지자로 세우겠다고 말이야."

예레미야는 눈이 휘둥그레졌지. 예레미야는 기어들어 가는 목소리로 대답했어.

"하나님, 저는 너무 어려요. 말도 잘 할 줄 몰라요."

"걱정하지 마라. 내가 너를 누구에게 보내든지 너는 가서 내가 하는 말을 그대로 전하면 된다. 그들을 두려워하지 마라. 내가 너와 함께할 것이다."

하나님께서는 씩씩한 목소리로 말씀하셨지. 그러나 예레미야는 자신이 없었어. 잉잉잉 눈물이 났지.

'어떻게 내가 할 수 있겠어? 나는 이렇게 어린데······.'

하나님은 예레미야를 보며 손을 뻗었어. 예레미야는 화들짝 놀랐지. 하나님께서 예레미야의 입에 손을 대셨거든.

"예레미야, 보아라. 이제 내 말을 너의 입에 두겠다. 내가 오늘 너를 온 나라와 민족들 위에 세워 네가 그들을 뽑으며, 허물며, 멸망시

키며, 무너뜨리며, 세우며, 심게 하겠다."

예레미야의 눈이 휘둥그레졌어. 놀랐냐고? 아니, 이번에는 용기가 불쑥 솟아났지.

'하나님께서 도와주신다면 할 수 있겠지. 그래, 내가 하는 게 아니고 하나님께서 하시는 거잖아.'

예레미야는 눈물을 그치고 하나님을 보았어. 하나님께서 물으셨지.

"예레미야, 무엇이 보이느냐?"

하나님의 말씀을 듣고 예레미야는 앞을 보았어. 그런데 이게 웬일이야. 예레미야의 눈 앞에 아몬드 나뭇가지가 보이는 게 아니겠어?

"하나님, 아몬드 나뭇가지가 보여요."

하나님께서 흐뭇하게 웃으며 말씀하셨지.

"그래, 아주 잘 보았다. 그것은 내 말이 그대로 이루어지는지 내가 지켜보고 있다는 뜻이다."

예레미야는 고개를 끄덕거렸지. 하나님께서 또 한 번 물으셨어.

"이번엔 무엇이 보이느냐?"

예레미야는 눈을 크게 뜨고 앞을

바라보았지. 그리고 눈앞에 보이는 대로 말했어.

"가마솥에 물이 끓고 있어요. 그런데 가마솥이 북쪽 방향에서부터 기울어진 것처럼 보여요."

"그래, 맞다. 북쪽에서부터 재앙이 넘쳐흘러 이 땅의 모든 백성에게 닥칠 것이다. 나를 버리고 다른 신들을 섬기었으니 내가 벌을 줄 것이다. 그러니 너는 일어나 그들에게 가서 이 사실을 전하거라. 떨지 말고 가거라. 그들은 너를 이기지 못한다. 내가 너와 함께하여 너를 구원할 것이기 때문이다."

하나님께서 이렇게 말씀하셨지. 예레미야는 하나님의 말씀을 가슴에 새기고 또박또박 걸어갔어. 어딜 가냐고? 하나님의 말씀을 전하기 위해 떠나는 거야.

예레미야가 이스라엘 사람들을 찾아갔을 때, 사람들은 하나님께 드릴 제사를 준비하고 있었어. 예레미야는 그 모습을 보며 잉잉잉 울었지. 예레미야는 알고 있었거든. 그들이 하나님께 벌을 받을까 봐 제사를 지내려고 한다는 걸 말이야. 예레미야는

그들에게 가서 큰 소리로 말했어.

"여러분은 하나님을 진심으로 사랑하지 않습니다. 하나님의 말씀에 순종하지 않고 다른 신들을 섬기고 있지요. 계속 이렇게 하나님의 말씀을 듣지 않는다면 하나님께서는 여러분을 도와주시지 않을 것입니다."

그 말을 들은 한 사람이 버럭 소리를 질렀어.

"무슨 말도 안 되는 소리를 하느냐?"

또 한 사람도 얼굴을 붉히며 말했지.

"저 기분 나쁜 사람을 쫓아내자!"

예레미야는 잉잉잉 울었어. 그 사람들이 무서워서 울었냐고? 아니야. 예레미야는 그 사람들을 진심으로 사랑했기 때문에 눈물을 흘린 거야. 그들이 어떤 말을 하든, 어떤 행동을 하든 상관없었지. 하나님의 말씀을 듣지 않고 말썽을 부리는 게 안타깝고 속상했을 뿐이야.

"하나님을 사랑하세요! 여러분들이 벌을 받지 않았으면 좋겠어요."

예레미야는 외쳤지. 사람들은 믿지 않았지만 예레미야는 멈출 수 없었어. 하나님의 명령을 받았잖아. 하나님의 말씀을 전해야 하잖아. 예레미야는 힘을 냈어. 감옥에 철커덕 갇히기도 하고, 우물에 풍덩 빠지기도 했지만 괜찮았어. 하나님이 지켜 주신다는 걸 믿고 앞으로 또 걸어갔지.

"하나님을 사랑하세요! 여러분들이 벌을 받지 않았으면 좋겠어요."

예레미야는 잉잉잉 울면서 말했어. 그 모습을 보며 하나님은 얼마나 흐뭇하셨을까? 아주 많이 흐뭇하셨을 거야. 아마 네가 태어나는 날, 너를 처음 품에 안은 아빠의 마음이 그렇겠지?

아기를 위한, 축복 기도

자비로운 하나님,

아기를 위해 기도드립니다.

이렇게 귀한 생명을 저희 가정에 주셔서 감사합니다.

우리 아기가 자라면서

가족과 이웃에게, 그리고 세상에서 만나는 사람들에게

선을 베푸는 사람이었으면 좋겠습니다.

선한 영향력을 끼치는 사람이었으면 좋겠습니다.

하나님께서 베풀어 주신 자비를 마음에 품고,

사람들에게 다시 자비를 베푸는 사람이었으면 좋겠습니다.

주께서 축복해 주시고, 선한 길로 인도하여 주시옵소서.

요셉은 축복의
통로가 되었어

아가야, 네가 얼마나 큰 축복인지 알고 있니? 너는 아빠가 이 세상에서 받은 선물 중에 가장 큰 선물이고, 하나님께 받은 축복 중에 가장 큰 축복이야. 너도 그랬으면 좋겠다. 너에게도 아빠가 큰 선물이고 축복이었으면 좋겠어. 나중에 너의 입을 통해 "아빠는 하나님께서 주신 축복이에요"라는 말을 듣는다면, 얼마나 좋을까? 아빠는 너무 좋아서 하늘을 나는 기분일 거야. 네가 엄마 배 속에 찾아왔다는 소식을 처음 들었을 때 아빠가 그랬던 것처럼 말이야.

아가야, 요셉 기억나? 햇살 같은 미소를 지으며 꿈을 해석했던 요셉 말이야. 아빠가 저번에 이야기해 주었던 사람이냐고? 응, 맞아. 오늘은 그 요셉의 이야기를 한 번 더 들려줄게. 요셉이 파라오의 꿈을 풀이하고 총리가 되었잖아. 그리고 또 오랜 시간이 흘렀어. 정말 요셉의 말대로 풍년이 들었다가 흉년이 들었지. 요셉은 하나님이 가르쳐 주신 대로 창고에 곡식을 차곡차곡 잘 보관해 두었어. 배에서 꼬르륵 소리가 나는 사람들이 요셉에게 와서 말했어. "곡식을 사러 왔습니다" 하고 말이야. 그럼 요셉은 빙긋 웃으며 곡식을 내주었지.

"와, 우리에게도 곡식이 생겼어. 하나님의 축복이 내린 것만 같아."

사람들은 곡식을 들고 활짝 웃으며 말했지. 그 모습을 보고 있는 요셉도 덩달아 행복해졌어. 걱정이 끼어들 수 없는 행복한 날들이 계속되었지.

그렇게 행복한 날들만 계속되었다면 얼마나 좋았을까? 하지만 행복은 난데없이 사라지고, 걱정이 가득한 날이 찾아왔어. 요셉은 가나안 쪽을 바라보며 한숨을 쉬었지. 갑자기 무슨 일이냐고? 조금만 기다려 봐. 요셉의 말을 들으면 알 수 있을 거야.

"아버지가 잘 오실 수 있을까? 형들이 잘 모시고 오겠지?"

요셉은 혼잣말로 중얼거렸어. 이제 알겠지? 요셉은 아버지를 기다리는 거야. 오랫동안 헤어졌던 아버지를 형들이 모시고 오기로 했거든. 요셉은 걱정이 돼서 어쩔 줄 몰랐지.

"요셉아!"

어, 누군가 요셉을 불렀어. 요셉의 눈에 눈물이 그렁그렁 맺혔지. 요셉의 앞에서 요셉을 부른 사람은 바로 요셉의 아버지였거든. 정말 오랜만에 만난 요셉과 아버지는 서로 얼싸안았어.

"아버지, 잘 오셨군요. 정말 보고 싶었습니다."

"나도 그랬다. 잘 있었느냐, 내 아들?"

"네, 아버지. 저는 아주 잘 지냈어요. 아버지, 저와 함께 파라오에게 가요. 왕께 아버지가 오셨다는 소식을 알려야겠어요. 형들도 오세요. 함께 가요."

요셉은 아버지를 모시고 파라오에게 갔어. 형들도 요셉의 뒤를 따라갔지. 파라오는 마치 자신의 일처럼 기뻐하며 말했어.

"요셉! 가족들과 함께 고센 땅에 살아라. 그곳은 풀이 잘 자라는 땅이니, 너의 가족이 살기에도 좋을 것이다. 매일 먹을 것이 충분하도록 곡식도 많이 챙겨 가고, 가족들을 잘 보살피도록 해라."

"감사합니다. 정말 감사합니다."

요셉은 아버지와 형들과 함께 고센 땅으로 갔어.

"아버지, 형들, 이제 우리 여기서 살아요. 너무 행복한 일이지요?"

요셉은 들뜬 목소리로 말했어. 아버지는 고개를 끄덕거리며 "네 덕분에 행복하구나"라고 말했지. 하지만 형들은 아무 말도 할 수 없었어. 형들 때문에 요셉이 이집트에 팔려 왔거든. 형들은 요셉이 불쑥 화를 낼까 봐 걱정이 되었어.

"형님들!"

요셉이 형들을 불렀어. 형들은 대답도 못하고 쭈뼛거리며 서 있었어.

"형들, 저는 형들을 미워하지 않아요. 저는요, 형들이 저를 여기에 보냈다고 생각하지 않아요. 하나님께서 저를 보내신 거예요. 어려움이 있었지만, 이렇게 축복을 주시려는 하나님의 뜻을 알았는걸요. 그러니까 아무 걱정도 하지 마세요. 네?"

"정말 괜찮니?"

"그럼요. 저는 이렇게 행복한걸요."

형들은 그제야 마음을 놓았어. 요셉이 준비한 음식을 냠냠 맛있게 먹으며 웃었지.

"아버지, 많이 드세요."

"그래, 요셉아. 너도 많이 먹어라."

"저는 아버지와 형들이 드시는 것만 봐도 배가 부른걸요."

요셉은 하하하 웃었어. 요셉의 웃음소리가 푸른 하늘을 가로질렀지. 하늘의 달도 빙그레 웃고, 별도 피식 웃었지. 아버지는 허허허 웃고, 형들은 키드득키드득 웃었어. 요셉은 정말 행복했어. 걱정이 끼어들 수 없는 행복한 날들이 다시 시작되었지.

아기를 위한, 축복 기도

나를 지으신 하나님,

저희 가정에 축복을 주시니 감사합니다.

아기와 함께 좋은 가정을 이루어

하나님의 기쁨이 되도록 노력하겠습니다.

저희 가정이 축복의 통로가 되어,

저희 가정을 통해 주님을 알아가는 사람들이 늘어나기를

원합니다.

세상에 사랑을 뿌리는 가정이 되기를 원합니다.

저희 부부와 아기를 축복해 주셔서

세상을 향한 축복의 통로가 되도록 도와주실 것을 믿고

간구합니다.

부자 청년은
천국에 갈 수 있을까?

아가야, 또 행복한 시간이 돌아왔지? 아빠가 이야기를 들려주는 시간이냐고? 응, 맞아. 아빠는 요즘 이 시간이 너무 기다려져. 사실 처음에는 너에게 이야기를 건네는 것이 어색하고 쑥스러웠는데, 지금은 설레고 행복해. 이제야 믿어지거든. 내가 너의 아빠라는 사실이 말이야. 아가야, 내가 너의 아빠야. 알고 있다고? 하하, 그럼 당연히 알아야지. 그리고 네가 모르는 것도 한 가지 알려 줄게. 이건 비밀인데 말이야……, 아빠는 요즘…… 너의 아빠라서 엄청 행복해. 하늘만큼 땅만큼 사랑한다, 우리 아가.

예수님께서 제자들과 함께 저벅저벅 걷고 있었어.
"예수님, 누가 달려오는 소리가 들리는데요?"

제자 한 명이 말했지. 예수님은 뒤를 돌아보았어. 어? 정말 청년 한 명이 뛰어오고 있었어. 그는 돈이 아주 많은 부자 청년이었지. 그는 숨을 헉헉대며 달려와 예수님께 물었지.

"착한 선생님, 제가 무엇을 해야 천국에서 영원히 살 수 있나요?"

"나는 착한 선생님이 아니다. 하나님 한 분 외에는 착한 이가 없단다."

부자 청년은 고개를 갸우뚱거렸지. 예수님께서 피식 웃으며 말씀하셨어.

"네게 있는 것을 다 팔아서 가난한 자들에게 나누어 주거라. 그러면 하늘에서 보물이 있을 것이다. 그리고 와서 나를 따라라."

부자 청년은 예수님을 빤히 쳐다보았어. 집에 있는 돈과 보석을 나눠 주라니? 말도 안 된다고 생각했지.

부자 청년은 보석을 팔아서 가난한 사람들에게 나눠 주는 상상을 해 봤어. 상상 속에서 가난한 사람들은 헤벌쭉 웃으며 "고맙습니다. 당신은 정말 천사입니다"라고 했지. 하지만 부자 청년은 입을 삐쭉거리다가 으앙 울음을 터뜨렸어. 보석이 하나도 없다는 사실이 너무 슬퍼졌거든.

'상상만 해도 슬픈 일을 어떻게 하라는 거야? 나는 못해. 돈과 보석은 나의 행복이고 기쁨인걸. 어떻게 그것들을 다 나눠 줄 수 있겠어?'

부자 청년은 그렇게 생각하며 집으로 돌아갔어.

터덜터덜 힘없이 걸어가는 부자 청년을 보면서 제자 한 명이 예수님께 물었어.

"예수님, 저 청년이 천국에 갈 수 있을까요?"

"돈과 보석이 많은 사람은 하나님 나라에 들어가기가 매우 힘들단다."

"네? 그게 무슨 말씀이세요?"

"낙타가 바늘귀로 들어갈 수 있다고 생각하느냐?"

예수님께서 제자들에게 물으셨어. 제자들은 머리를 설레설레 흔들었지. 바늘귀라면 바늘에 나 있는 구멍이잖아. 어떻게 손톱보다 작은 그 구멍에 집채만 한 낙타가 들어갈 수 있겠어? 대문짝만 한 바늘귀가 있다고 해도 아마 낙타의 혹이 탁 걸려 버릴 거라고 생각했어.

예수님께서 다시 말씀하셨지.

"낙타가 바늘귀로 들어가는 것이 부자가 하나님의 나라에 들어가는 것보다 쉽단다."

제자들은 깜짝 놀라며 물었지.

"예수님, 부자가 천국에 가는 게 그렇게 어렵다고요?"

"낙타가 바늘귀로 들어가는 것보다 어렵다면, 부자 중에 누가 구원을 받을 수 있나요?"

예수님께서는 제자들을 바라보며 말씀하셨어.

"사람은 할 수 없지. 하지만 하나님께서는 할 수 있다. 하나님께서는 모든 것이 가능하다."

예수님의 대답을 들은 제자들은 고개를 끄덕거렸어.

부자 청년은 집에 도착했지. 보석과 돈을 꺼내 보면서 예수님의 말씀을 생각했어.

'이것들을 다 나누어 주면 천국에 갈 수 있다고? 아, 그런데 이걸 다 팔면 나는 가난해지잖아. 먹을 것도 부족하고, 입을 것도 부족할 거야. 더 작은 집에 살아야 할 거고, 내 부자 친구들은 다 떠나겠지.'

부자 청년은 얼른 돈과 보석을 함에 넣고는 꽁꽁 숨겨 놓았어. 그리고 벌러덩 누워 천장을 보며 중얼거렸지.

"돈과 보석이 있어야 큰소리칠 수 있어. 맛있는 것도 맘껏 먹을 수 있지. 그 선생의 말을 어떻게 믿고 이걸 다 포기할 수 있겠어?"

천장에 가난한 사람들과 어울리고 있는 부자 청년의 모습이 둥실 떠올랐지. 청년은 고개를 절레절레 흔들었어. 이번에는 보석으로 치장한 자신의 모습이 둥실 떠올랐지. 청년은 흐뭇한 미소를 지으며 쿨쿨 잠이 들었어.

아가야, 부자 청년이 천국에 갈 수 있을까? 나중에라도 예수님의 말씀을 깨닫고 자신의 보석을 팔아 가난한 사람들에게 나누어 줬다면 그랬겠지. 천국에 가서 하나님에게 상을 받았을 거야. 하지만 마음을 바꾸지 않고 돈을 펑펑 쓰면서 살았다면, 어림도 없겠지. 네 생각은 어때? 예수님의 말씀대로 보석을 나누어 주고 천국에 갔으면 좋겠다고? 그래, 우리는 그렇게 믿어 보자. 하나님께서 그의 마음을 바꿔 주셨다고 말이야. 사람은 할 수 없지만, 하나님은 모든 게 가능한 분이니까.

아기를 위한, 축복 기도

영생의 하나님,

우리 아가에게 영생을 허락해 주시옵소서.

어린아이 같은 마음을 주시고,

사랑을 나누고 실천하는 마음을 주셔서,

천국 같은 삶을 사는 사람이 되도록 도와주시옵소서.

하나님을 믿고 의지합니다.

우리 아가도 하나님을 믿고 의지하며,

두려움보다는 설렘을 가까이하는 사람이 되게 하여

주시옵소서.

양선 ★ 자비

도르가는 오늘도, 똑똑똑!

아가야, 사랑하는 우리 아가, 잘 지내고 있니? 아빠도 잘 지내고 있어. 네가 있는 배 속의 날씨는 어때? 여기는 주룩주룩 비가 오기도 하고, 펑펑 눈이 내리기도 해. 뭉게뭉게 구름이 많은 날도 있고, 쨍쨍 해가 뜨는 날도 있지. 그런데 아빠 마음에는 말이야, 매일 해가 뜬다. 솔솔 바람도 불고, 공기도 아주 맑아. 한마디로 아주 상쾌한 날씨란다. 네가 엄마 배 속에 찾아왔다는 소식을 들은 날부터 그랬어. 너도 아빠처럼 상쾌한 마음으로 평온하게 잘 있다가 나오렴. 주님의 이름으로 축복하고 사랑한다.

똑똑똑!

도르가가 문을 두드렸어. 집 안에서 허름한 옷을 입은 아줌마가 나왔지.

"무슨 일이세요?"

아줌마가 힘없는 목소리로 물었어.

"아, 저는 도르가라고 해요."

도르가가 방긋 웃으며 말했어. 아줌마는 고개를 갸우뚱거리며 다시 물었어.

"그런데 저희 집에는 무슨 일로 오셨나요?"

"이 옷을 선물로 드리려고 왔어요."

도르가는 방긋 웃으며 말했어. 아줌마는 옷을 받아 들며 물었어.

"이 옷을 왜 저한테 주시나요? 저는 당신한테 드릴 돈이 없어요. 저는 아주 가난해요. 혹시 옷을 팔러 오신 거라면 그냥 다시 가지고 가세요."

도르가는 방긋 웃으며 말했어.

"선물이에요. 예쁘게 입으세요."

아줌마의 얼굴에 비로소 웃음꽃이 피어올랐어. 도르가의 얼굴에도 웃음이 번졌지. 도르가는 꾸벅 인사를 하고 돌아섰어.

아야!

도르가 소리 질렀어. 바느질을 하다가 그만 꾸벅꾸벅 졸았거든. 졸았는데 왜 소리를 지르느냐고? 졸다가 탁자에 머리를 쿵 부딪혔거든. 도르가는 머리를 문지르며 혼잣말을 했어.

"내가 깜박 졸았네. 자, 어디 보자. 음…… 어떻게 하면 더 예쁠까? 여기를 조금 더 접어서 다시 꿰매야겠다."

도르가는 바늘에 실을 꿰고 다시 바느질을 시작했어. 탁자에 부딪힌 머리가 얼얼했지. 바느질을 오래해서 손가락도 아팠어. 다리도 저렸지. 하지만 쉴 수 없었어. 선물할 옷을 또 만들어야 했거든.

똑똑똑!

도르가가 문을 두드렸어. 얼굴에 그늘이 진 아줌마가 나왔지. 아줌마는 도르가를 보고 눈이 동그래졌어.

"어머! 도르가! 어쩐 일이세요?"

"잘 지내셨어요?"

"아니요. 별로 행복하지도 않고, 기쁘지도 않아요."

"그럴 줄 알고 제가 왔지요. 짜잔! 선물이에요. 저번에 드린 것보다 더 신경 써서 만들었어요. 마음에 드세요?"

그늘진 아줌마의 얼굴에 햇살 한 줄기가 비췄어.

"마음에 들어요. 무척 고마워요. 그런데 왜 나한테 이렇게 잘해 주세요?"

도르가는 아줌마의 얼굴에 햇살이 가득하기를 바라며 대답했어.

"우리는 서로 사랑해야 해요. 예수님께서 네 이웃을 내 몸과 같이 사랑하라고 하셨거든요."

도르가의 얼굴에 비췄던 햇살이 더욱 밝은 빛을 냈어. 아줌마는 그 햇살이 예수님의 사랑일 거라고 생각했지.

꾸벅꾸벅!

도르가가 졸고 있어. 오늘도 하루 종일 바느질을 했거든. 어깨도 아프고 팔도 저렸지. 고개가 뻣뻣하고 눈이 침침했어. 하지만 멈출 수 없었지. 도르가가 옷을 지어 줄 사람들이 아주 많았거든. 도르가는 졸면서도 바느질을 했어. 아주 촘촘하고 꼼꼼하게, 마치 자기가 입을 옷을 짓는 것처럼 정성을 들였지.

"하나님, 옷이 완성되었어요. 이 옷을 받는 사람도 하나님의 사랑을 느끼게 해 주세요. 예수님의 말씀을 따라서 살 수 있게 해 주세요."

도르가는 기도하고 집을 나섰어. 옷을 선물하러 가는 도르가의 마음속 천사가 춤을 추었지.

툭툭툭!

어? 왜 '똑똑똑'이 아니냐고? 집을 찾아간 게 아니었거든.

"얘야, 잠깐 일어나 보렴."

도르가는 길거리에서 자고 있는 아이의 어깨를 두드렸던 거야. 아이는 눈을 비비며 일어났지.

"누구세요?"

"나는 도르가라고 한단다."

"저를 아세요?"

"아니, 너를 모르지만, 나는 예수님의 심부름을 하러 왔단다."

"그게 무슨 말이에요?"

"자, 이 옷을 입으렴. 이건 예수님이 너에게 주는 선물이란다."

아이는 옷을 받아 들고 이리저리 살펴보다가 해맑게 웃으며 말했어.

"너무 예뻐요. 이게 정말 내 옷인가요?"

"응, 맞아. 예수님이 너에게 주는 선물이란다."

"고맙습니다!"

환한 미소를 띠고 있는 도르가의 눈에 어느새 눈물이 맺혔지. 도르가는 마음속으로 기도했어.

"하나님, 이 아이에게 있을 곳을 마련해 주세요. 이 아이가 예수님을 만나게 해 주세요."

싹둑싹둑!

도르가는 옷감을 가위로 잘랐어.

"이제 가을이 되었으니 조금 긴 옷을 만들어야겠어. 자, 서둘러야겠네."

도르가가 랄랄라 노래를 부르자, 가위도 쓱쓱쓱 노래를 불렀어. 바늘은 그 모습을 보며 방긋 웃음을 짓고, 실타래는 웃음보가 터져서 데굴데굴 굴렀지. 그리고 도르가의 마음속 천사가 함박웃음을 지었대.

사랑의 하나님,

저희 아기가 사랑을 나누는 사람이기를 원합니다.

가난한 사람을 구제하는 데 힘쓰며

이웃을 사랑하고

가정의 화목을 주장하는 사람이 되기를 원합니다.

하나님께서 주신 아기가,

서로 사랑하는 가정 안에서

행복을 맛보며 자라날 수 있도록

저희 가정을 축복해 주시고

저희 부부를 축복해 주시고

저희 아기를 축복해 주시옵소서.

하나님이 뭐라고
말씀하셨을까?

아가야, 내가 아빠라는 이름으로 다시 태어나게 해 줘서 고마워. 너의 아빠가 되면서 말이야, 아빠는 정말 다시 태어난 것 같거든. 내 이름 석 자대신 너의 아빠라는 이름이 생긴 것 같아서 설렌단다. 좋은 아빠가 될 수 있을지 겁도 나지만, 지금은 이 설레는 기분을 만끽하려고 해. 네가 태어나서 아빠에게 과제를 던져 줄 때마다 고민하고 노력하면 '아주 좋은 아빠'는 아니더라도 '꽤 괜찮은 아빠'는 될 수 있지 않을까? 그렇게 긍정적으로 생각하려고! 어때? 아빠 좀 멋지지?

우리 이번에는 요단 강가로 가 볼까? 솔솔 상쾌한 바람이 불고, 맑은 강물이 흐르네. 그리고 한 사람이 서 있어. 그의 이름은 세례 요한

이야.

"천국이 우리 앞에 가까이 올 거예요. 모두 하나님께 잘못을 말하고, 세례를 받으세요."

요한은 큰 소리로 외쳤지. 사람들은 요한의 이야기를 듣고 다가왔어. 자신의 잘못을 말하고 세례를 달라고 했지.

"저에게 세례를 주세요."

"저도 세례를 받고 싶어요."

"저도요!"

요한은 물속에서 그들에게 세례를 주며 말했어.

"지금은 내가 세례를 주지만 곧 예수님이 오셔서 세례를 주실 것입니다. 예수님은 나보다 훨씬 더 능력 있는 분이랍니다."

"예수님이 누구신데요?"

누군가 물었어.

"예수님은……."

요한이 대답하고 있을 때, 어디선가 부드러운 목소리가 날아왔지.

"나에게 세례를 주시오!"

요한과 사람들은 부드러운 목소리에게 눈길을 돌렸어. 요한의 입이 쩍 벌어졌지.

"나에게도 세례를 주시오!"

부드러운 목소리가 다시 한 번 날아왔을 때, 요한은 정신을 차리고 말했어.

"예수님! 예수님께서 제게 세례를 주셔야죠. 제가 어떻게 예수님께 세례를 드릴 수가 있겠어요?"

"세례를 주시오. 내가 요한에게 세례를 받는 것이 바른 일입니다."

요한은 자신이 없었지. 예수님은 하나님의 아들이잖아. 그리고 앞으로 사람들에게 세례를 내릴 분이지. 요한은 어떻게 해야 할지 몰라 하늘을 보았어. 하나님은 뭐라고 말씀하셨을까? 세례를 내리라고 하셨을까? 하지 말라고 하셨을까? 아니, 아무 말씀도 하지 않으셨어. 하지만 요한은 깨달았지. 예수님의 뜻이 곧 하나님의 뜻이라는 걸 말이야.

"네, 예수님. 제가 세례를 드리겠습니다."

예수님은 부드러운 미소를 지었지. 요한과 예수님은 물속으로 들어갔어. 요한은 떨리는 마음으로 예수님께 세례를 내렸지.

"이제 다 되었습니다."

요한이 말하자, 예수님은 물에서 올라오셨어. 바로 그때였어. 하나님이 말씀하셨냐고? 아니, 놀라운 일이 벌어졌지 뭐야. 무슨 일이냐

고? 지금 이야기해 줄게.

잘 들어 봐.

예수님이 물에서 올라오시니, 하늘
이 활짝 열렸어. 그리고 비둘기 한 마리가
푸드득 날아와 예수님의 어깨에 살포시 앉았지. 비둘기는 하나님의
영이었어. 예수님이 하나님의 아들이라는 걸 증명하기 위해 비둘기
모양을 하고 내려오신 거야. 그리고 온 하늘이 울릴 만큼 우렁찬 소
리가 들렸지. 이제 하나님이 말씀하셨냐고? 응, 맞아. 하나님께서는
요단 강가의 모든 사람이 들을 만큼 우렁찬 소리로 말씀하셨어. 하나
님께서 뭐라고 말씀하셨을까? 모르겠다고? 그럼 아빠가 말해 줄게.

"이는 내 사랑하는 아들이요, 내가 기뻐하는 자라!"

하나님께서 이렇게 말씀하셨어.

그 말씀을 들은 예수님은 얼마나 기뻤을까? 선물을 받은 어린아이
처럼 폴짝폴짝 뛰고 싶을 만큼 기뻤을까? 아니, 그보다 훨씬 더 기뻤
을 거야. 온 세상을 다 얻은 것처럼 기쁘지 않았을까? 자주 만나지도
못하는 아버지가 사랑한다고 말해 주셨잖아. 얼마나 행복했을까? 예

수님의 환한 웃음이 요단 강가에 퍼졌을 거 같은데? 음······. 그럼 아빠도 말이야, 우리 아기한테 환한 웃음을 선물해야겠다. 무슨 소리냐고? 지금 이야기해 줄게. 잘 들어 봐.

"아가야, 너는 내가 사랑하는 자녀이며, 너로 인해 내가 아주 많이 기쁘단다."

아버지,

철없는 제가 이제 아버지가 됩니다.

좋은 아버지로 거듭날 수 있도록,

도와주시고 응원해 주세요.

저도 아버지의 모습을 닮기 위해 기도드립니다.

사랑을 표현할 줄 아는 아버지가 되게 해 주세요.

함께 기뻐할 수 있는 아버지가 되게 해 주세요.

아버지가 내게 그러셨던 것처럼,

너그러운 마음으로 안아 줄 수 있는 아버지가 되게 해 주세요.

사랑합니다, 나의 아버지, 참 좋은 나의 하나님.

잠언 태교 3

　잠언 태교, 세 번째 시간입니다. 잠언 태교는 반복하면 더욱 좋답니다. 책 속에 있는 잠언 태교 1부터 다시 읽으셔도 좋고, 성경책을 펼쳐 잠언을 읽으셔도 좋지요. 아빠의 지혜를 위해 틈틈이 묵상하고, 아기의 지혜를 위해 소리 내서 읽어 주세요.

지혜에 대한 가르침 _ 잠언 16장

1

마음의 경영은 사람에게 있어도

말의 응답은 여호와께로부터 나오느니라.

사람의 행위가 자기 보기에는 모두 깨끗하여도

여호와는 심령을 감찰하시느니라.

너의 행사를 여호와께 맡기라.

그리하면 네가 경영하는 것이 이루어지리라.

여호와께서 온갖 것을 그 쓰임에 적당하게 지으셨나니

악인도 악한 날에 적당하게 하셨느니라.

무릇 마음이 교만한 자를 여호와께서 미워하시나니

피차 손을 잡을지라도 벌을 면하지 못하리라.

인자와 진리로 인하여 죄악이 속하게 되고

여호와를 경외함으로 말미암아 악에서 떠나게 되느니라.

사람의 행위가 여호와를 기쁘시게 하면

그 사람의 원수라도 그와 더불어 화목하게 하시느니라.

적은 소득이 공의를 겸하면

많은 소득이 불의를 겸한 것보다 나으니라.

양선 ★ 자비

사람이 마음으로 자기의 길을 계획할지라도
그의 걸음을 인도하시는 이는 여호와시니라.

하나님의 말씀이 왕의 입술에 있은즉
재판할 때에 그의 입이 그르치지 아니하리라.

공평한 저울과 접시저울은 여호와의 것이요,
주머니 속의 저울추도 다 그가 지으신 것이니라.

악을 행하는 것은 왕들이 미워할 바니
이는 그 보좌가 공의로 말미암아 굳게 섬이니라.

의로운 입술은 왕들이 기뻐하는 것이요,
정직하게 말하는 자는 그들의 사랑을 입느니라.

왕의 진노는 죽음의 사자들과 같아도
지혜로운 사람은 그것을 쉬게 하리라.

왕의 희색은 생명을 뜻하나니
그의 은택이 늦은 비를 내리는 구름과 같으니라.

지혜를 얻는 것이 금을 얻는 것보다 얼마나 나은가.
명철을 얻는 것이 은을 얻는 것보다 더욱 나으니라.

악을 떠나는 것은 정직한 사람의 대로이니
자기의 길을 지키는 자는 자기의 영혼을 보전하느니라.

교만은 패망의 선봉이요,
거만한 마음은 넘어짐의 앞잡이니라.

겸손한 자와 함께하여 마음을 낮추는 것이
교만한 자와 함께하여 탈취물을 나누는 것보다 나으니라.

삼가 말씀에 주의하는 자는 좋은 것을 얻나니
여호와를 의지하는 자가 복을 얻느니라.

2

마음이 지혜로운 자는 명철하다 일컬음을 받고
입이 선한 자는 남의 학식을 더하게 하느니라.
명철한 자에게는 그 명철이 생명의 샘이 되거니와
미련한 자에게는 그 미련한 것이 징계가 되느니라.
지혜로운 자의 마음은 그의 입을 슬기롭게 하고
또 그의 입술에 지식을 더하느니라.

선한 말은 꿀 송이 같아서 마음에 달고
뼈에 양약이 되느니라.

어떤 길은 사람이 보기에 바르나
필경은 사망의 길이니라.

고되게 일하는 자는 식욕으로 말미암아 애쓰나니
이는 그의 입이 자기를 독촉함이니라.

불량한 자는 악을 꾀하나니

그 입술에는 맹렬한 불같은 것이 있느니라.

패역한 자는 다툼을 일으키고

말쟁이는 친한 벗을 이간하느니라.

강포한 사람은 그 이웃을 꾀어

좋지 아니한 길로 인도하느니라.

눈짓을 하는 자는 패역한 일을 도모하며

입술을 닫는 자는 악한 일을 이루느니라.

백발은 영화의 면류관이라

공의로운 길에서 얻으리라.

노하기를 더디 하는 자는 용사보다 낫고

자기의 마음을 다스리는 자는 성을 빼앗는 자보다 나으니라.

제비는 사람이 뽑으나

모든 일을 작정하기는 여호와께 있느니라.

Chapter 4　요동치지 말고 행복하거라

오래 참음

성령의 네 번째 열매 '오래 참음'은 남에게 멸시받거나 억울함을 당해도 분노를 나타내지 않고 참고 견디며 선으로 악을 이기는 성품을 말합니다. 오래 참는 사람은 인내하며 문제를 극복하고, 모든 일에 성급하지 않으며, 꾸준하고 성실하지요. 또한 어려움이 닥쳐도 실망하지 않고, 요동하지 않으며, 행복한 삶의 주인공이 될 수 있답니다.

혹시 의성어, 의태어가 나오면 건너뛰지 않으시나요? 의성어와 의태어를 많이 들려주면 아기의 감성 지수가 높아지고, 두뇌 발달에도 효과가 있답니다. 그러니까 조금 쑥스러우시더라도 리듬감 있게 읽어 주세요. 태담을 하실 때, 엄마의 배를 부드럽게 쓰다듬어 주세요. 아기의 기분이 더욱 편안해진답니다.

느헤미야는 오늘도
뚝딱뚝딱!

아가야, 아빠는 잘 모르는데 말이야, 엄마는 참 많이 힘든가 봐. 네가 엄마 배 속에 자리 잡으면서부터 엄마는 여러 가지 불편한 점이 생겼거든. 우선 배가 나와서 몸이 무거워지고, 화장실도 자주 가야 해. 때론 속이 너무 안 좋아서 잘 먹지 못하고, 때론 갑자기 배가 많이 고파져서 많이 먹기도 하지. 그 외에도 여러 가지 힘든 점이 많은가 봐. 아빠도 그 기분을 이해해 주고 싶은데 쉽지는 않아. 하지만 노력해 볼게. 엄마의 마음도, 너의 마음도 잘 이해해 주는 아빠가 되도록 말이야. 지금은 많이 부족해서 정말 많이 노력해야 할 거야. 그러니까 아가야, 네가 꼭 응원해 줘야 해. 아빠는 너만 믿는다.

＊

느헤미야는 오늘도 꿀꺽꿀꺽, 술을 마시고는 자신이 모시고 있는 아닥사스다 왕에게 말했어.

"폐하, 이제 드셔도 됩니다. 제가 마셔 보니 독이 들어 있지 않습니다."

왕은 활짝 웃으며 말했지.

"그래, 고맙구나. 네가 있으니 내가 참 든든하구나."

왕은 느헤미야 덕분에 안심하고 술을 마셨어.

느헤미야는 왕의 가장 가까이에 있는 신하야. 느헤미야는 왕이 식사 시간에 술잔을 들 때 혹시 왕을 미워하는 사람이 독약을 넣었을까 봐 먼저 먹어 보는 사람이지. 그뿐만이 아니야. 왕을 안전하게 지키는 일도 한단다. 아닥사스다 왕은 그런 느헤미야가 곁에 있어서 참 즐거웠지.

하나니가 울면서 헐레벌떡, 느헤미야에게 뛰어왔어. 느헤미야는 깜짝 놀라서 물었지.

"하나니야, 무슨 일로 이렇게 급하게 뛰어오니?"

"형님, 큰일 났어요. 우리의 고향 땅, 예루살렘의 성벽이 다 무너지고 성문이 불타 버렸대요. 어쩌면 좋아요."

느헤미야는 많이 놀랐지만, 하나니를 달래며 말했어.

"걱정하지 말고 하나님께 기도하자. 하나님께서 분명히 도와주실 것이다."

하나니는 느헤미야의 말을 믿고 돌아갔어. 느헤미야는 그날부터 열심히 기도했어.

느헤미야의 배에서 꼬르륵, 소리가 났어. 느헤미야는 밥도 먹지 않고 열심히 기도했거든.

"하나님, 어려움에 빠진 우리나라를 도와주세요. 왕의 도움을 받아 제가 성을 다시 세울 수 있게 도와주세요."

느헤미야는 매일매일 기도했지. 그리고 하나님이 도와주

실 거라고 굳게 믿었어.

느헤미야는 오늘도 꿀꺽꿀꺽, 술잔을 들어 마셔 보고는 아닥사스다 왕에게 말했지.

"폐하, 이제 안심하고 드셔도 됩니다."

왕은 느헤미야의 말을 듣고 술잔을 들면서 말했어.

"그래, 고맙다, 느헤미야. 그런데 무슨 걱정이 있느냐? 얼굴빛이 어둡구나."

느헤미야는 간절한 눈빛으로 왕을 보며 말했어.

"폐하! 제 조상들의 고향 땅인 예루살렘의 이야기를 드리고 싶습니다. 제가 얼마 전에 그곳의 성벽이 다 무너지고 성문이 불탔다는 이야기를 들었습니다. 제가 그곳에 가서 성벽을 다시 쌓을 수 있도록 허락해 주시면 안 될까요?"

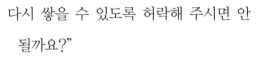

느헤미야는 떨리는 마음으로 왕의 대답을 기다렸어.

"그래? 그런 일이라면 네가 꼭 가야 할 것 같구나. 그런데 뭐 필요한 것은

없느냐?"

느헤미야는 왕의 대답을 듣고 알았지. 자신의 기도가 이루어졌다는 걸 말이야. 느헤미야는 침착하게 말했어.

"폐하, 예루살렘 성벽을 다시 쌓는 것을 허락한다고 종이에 써 주시면 좋겠습니다. 그리고 나무가 많이 필요합니다."

"그래, 네가 말한 대로 해 주겠다."

느헤미야는 뛸 듯이 기뻤지.

느헤미야는 신 나게 뚝딱뚝딱, 고향의 백성들과 함께 성벽을 쌓기 시작했어. 옷이 땀으로 다 젖을 만큼 힘이 들었지만 느헤미야는 신이 났지. 느헤미야는 활짝 웃으며 백성들에게 말했어.

"자, 우리 고향을 위해 성벽을 쌓는 겁니다! 모두 열심히 합시다!"

"네, 알겠어요."

백성들도 해맑게 웃으며 대답했지.

느헤미야는 오늘도 뚝딱뚝딱, 열심히 성벽을 쌓았어. 그런데 느헤미야를 방해하는 사람들이 나타났어. 절대 성벽을 쌓지 못할 거라고 비웃는 사람도 있었어.

오래 참음 ★

"하! 기가 막히군. 저렇게 해서 어떻게 성벽을 쌓을 수 있겠어?"

"완전히 불가능한 일이지!"

그 사람들은 비아냥거리며 느헤미야 주위를 맴돌았어. 하지만 느헤미야는 절대 흔들리지 않았어. 매일 기도하며 열심히 성벽을 쌓았지. 그리고 52일이 지났어. 여기저기서 환호성이 들려왔지.

"야호! 예루살렘 성벽이 완성됐어!"

"이 사람아, 그것뿐인가? 성문도 다시 세워졌지 않은가?"

"맞아, 맞아. 우리가 해냈어!"

백성들은 성벽을 둘러보며 소리를 질렀지. 느헤미야는 어땠냐고? 느헤미야는 벅찬 감동을 안고 기도했대. 한없는 감사와 영광을 하나님께 올려 드리려고 말이야.

아기를 위한, 축복 기도

나의 주 하나님,

오늘도 아기를 위해 기도드립니다.

아기가 살면서 어려움과 맞닥뜨렸을 때

침착한 마음으로 주께 방법을 구할 수 있도록 해 주시옵소서.

주께 기도함으로 지혜를 얻고,

얻든지 못 얻든지 오래 참으며,

그 오래 참음 속에서 주의 사랑을 경험할 수 있도록

해 주시옵소서.

주의 긍휼이 아기의 삶 속에 가득하기를 바랍니다.

주의 사랑이 아기의 삶 속에 가득하기를 소망합니다.

아기의 삶을 지켜 주시고, 큰 축복을 내려 주시옵소서.

안나의 소망이
이루어졌을까?

아가야, 아빠는 네가 꿈이 있는 사람이었으면 좋겠어. 그리고 그 꿈을 이루는 사람이었으면 좋겠어. 꿈을 이루려면 말이야, 넘어질 때도 있고, 지칠 때도 있을 거야. 아주 오래 기다려야 할지도 몰라. 하지만 하나님께 기도하며 묵묵히 꿈을 향해 걸어가면 꿈을 이룰 수 있을 거야. 아빠가 너의 뒤에서 응원해 줄 테니 꼭 꿈을 이루는 사람이 되거라. 사랑하고 축복한다.

어느 따뜻한 봄날, 예루살렘 성전에는 봄처럼 따뜻한 미소를 지닌 안나가 살았어. 안나는 늘 혼자였지만, 언제나 따뜻한 미소를 잃지 않았지. 슬픈 생각이 안나의 앞을 가로막을 때도 있었지만, 안나는 열심히 기쁜 생각을 찾았어. 기쁜 생각은 안나의 뒤에 있기도 하고, 멀리 도망가서 숨어 있기도 했지. 하지만 안나는 기어코 찾아내서 기쁜 생각을 앞에 두고 기도를 드렸어.

"하나님, 내 주를 보게 하소서. 주를 만나게 하소서. 그것이 내 소망입니다."

기도를 드리고 나면 마음이 한결 가벼워졌지.

안나에게는 소망이 있었어. 안나의 기도 소리를 들었으니, 아가도 알고 있지? 응, 맞아. 주를 만나는 것. 그것이 안나의 소망이야. 안나는 기쁜 생각 안에 소망을 넣어서 소중하게 간직했어. 그 소망을 볼 수 있는 건 오직 하나님뿐이었어. 안나는 기도를 드릴 때 하나님께 항상 말씀드렸거든.

"하나님, 내 소망은 주를 만나는 것입니다."

안나는 간절했어. 슬픈 생각이 가로막고 "주는 오지 않을지도 몰라"라고 말해도 아랑곳하지 않았지. 오직 기쁜 생각이 "주를 꼭 만날 수 있을 거야"라고 말할 때만 고개를 끄덕거렸어.

"나는 하나님이 내 소망을 이루어 주실 것을 믿어요. 그때까지 기다릴게요."

안나는 하나님이 주를 보내 주실 것이라고 굳게 믿었어. 그리고 아주 오랫동안 기다렸지. 아빠 같으면 1년을 기다리고도 힘들다고 했을 거 같은데, 안나는 그렇지 않았어. 1년, 2년, 3년, 4년, 5년, 6년…… 기다리고 또 기다렸지. 10년, 20년, 30년, 40년, 50년, 60년…… 기다리고 또 기다렸어. 안나의 얼굴에는 주름살이 하나둘 늘어나고, 안나의 머리는 하얀 눈이 소복이 쌓인 것처럼 허옇게 세었지. 안나의 나이는 여든네 살이 되었어. 이제 안나의 소망이 이루어졌을까?

아니야, 아직은 이루어지지 않았어. 하지만 안나는 행복한 마음으로 기도했지. 하나님께 기도할 수 있다는 사실이, 하나님의 성전에 머무를 수 있다는 사실이 그저 행복했어.

"안나, 이렇게 오랫동안 기다리는 건 어리석어. 너의 소망은 이루어지지 않을 거야."

오랜만에 나타난 슬픈 생각이 말했지. 안나는 고개를 저었어. 그리고 기쁜 생각에게 말을 걸었어.

"나의 소망은 이루어질 거야. 나는 앞으로도 기다릴 거야. 하나님께서는 내 소망을 꼭 이루어 주실 거니까."

기쁜 생각이 고개를 끄덕였어.

그러던 어느 날이었어. 안나가 살고 있는 예루살렘 성전에 한 부부가 찾아왔지. 그 부부는 태어난 지 8일이 된 아기를 안고 있었어. 안나는 그 아기를 보며 함박웃음을 지었지.

"내 주여! 주가 오셨나이까?"

안나는 아기에게 다가가 말을 건넸지. 그 아기가 바로, 안나가 그토록 기다리던 예수님이었거든. 그렇게 안나의 소망은 이루어졌어. 나쁜 생각은 그 모습을 보더니 줄행랑을 쳤고, 기쁜 생각은 안나를 보며 활짝 웃어 주었지.

안나는 얼마나 행복했을까? 세상 모든 사람의 행복을 다 합쳐서 안나의 마음속에 쏙 집어넣은 것만큼 행복했을 거야. 아빠는 그 기분을 알 것 같아. 네가 생겼다는 소식을 듣고 엄마랑 병원에 갔는데 의사 선생님이 정말 네가 엄마 배 속에 있다는 걸 확인해 주셨거든. 그때 아빠 기분이 그랬어. 세상 모든 사람의 행복을 합쳐서 아빠 마음속에 쏙 집어넣은 것만큼 행복했단다.

저에게 행복을 주신 하나님,

아기도 그 행복을 느끼게 해 주세요.

주께서 주신 행복을 경험하고,

그 행복을 마음에 지니고 살 수 있도록 해 주세요.

쉽게 분노를 나타내기보다는 분노를 참고 견디며,

선으로 악을 이기는 사람이 되게 해 주세요.

쉽게 실망하지 않으며,

끝까지 소망을 잃지 않는 사람이 되게 해 주세요.

목자의 이마에
땀방울이 송골송골!

아가야, 네가 태어나면 아빠는 더 바빠지겠지? 너를 목욕시켜야 하고, 기저귀도 갈아 줘야 하고, 안아 주어야 하고……. 참 할 일이 많이 생길 것 같아. 울면 달래 줘야 하고, 웃으면 같이 웃어 주느라 정신이 없겠지. 아빠의 이마에 땀방울이 송골송골 맺힐 거야. 하지만 괜찮아. 그 모든 일이 행복할 테니까.

메에에 메에에!

양의 울음소리가 들렸어. 목자가 잽싸게 달려갔지. 목자의 이마에 땀방울이 송골송골 맺혔어.

"다리에 상처가 났구나. 많이 아팠겠다. 내가 치료해 줄게."

목자는 양의 상처를 확인하고 얼른 치료해 주었지.

"자, 이제 됐다. 금방 나을 거야."

목자는 양을 품에 꼭 안았어. 양은 목자의 품에 안겨 살짝 얼굴을 비비며 배시시 웃었지. 목자는 양을 쓰다듬으며 말했어.

"내가 너를 사랑하고 축복한다."

메에에 메에에!

여기저기서 양의 울음소리가 들렸어. 또 다쳤냐고? 아니, 목자가 양을 세고 있으니까 양들이 여기저기서 소리를 내고 있는 거야. 목자는 양 백 마리가 다 목장 안에 잘 있는지 매일 밤마다 살펴보았거든.

"……아흔일곱 마리, 아흔여덟 마리, 아흔아홉 마리, 백 마리. 모두 다 잘 있구나. 그럼 이제 꿈나라로 가 볼까? 모두 잘 자거라. 좋은 꿈꾸고!"

목자는 목장의 입구 쪽에 벌러덩 누웠어. 자신이 잠든 사이에 사나운 늑대가 찾아올지도 모르니까 거기서 잠을 자는 거야.

쿨쿨!

아침이 밝았는데도 목자는 코를 골며 잠을 자고 있었어. 새벽에 늑대 울음소리가 들려서 잠을 설쳤거든. 다시 깜박 잠이 들었는데, 어느새 아침이 되었지 뭐야. 양들은 목자에게 가서 얼굴을 비벼댔어. 메에에 울기도 하고, 간지럼을 태우기도 했지. 목자는 부스스 눈을 뜨며 말했어.

"사랑하는 양들아, 좋은 아침이야! 우리 산책하러 나갈까?"

양들은 고개를 끄덕거렸지.

"그래, 좋아! 출발!"

목자는 양들과 함께 산책을 나갔어. 목자는 넘어지는 양이 없는지, 다른 길로 가는 양은 없는지 잘 살피며 걸었지.

"우리는 목자만 있으면 아무 걱정이 없어."

"맞아. 목자가 오랫동안 우리와 함께 있었으면 좋겠어."

양들은 목자를 졸졸 따라가며 말했어.

에구머니나!

밤이 되어 양을 세어 보던 목자는 깜짝 놀랐어. 글쎄, 한 마리 양이 없어졌지 뭐야. 목자는 침착하려고 애쓰며 다시 한 번 양들을 세어 보앉어.

"아흔여섯 마리, 아흔일곱 마리, 아흔여덟 마리, 아흔아홉 마리……."

다시 세어 보아도 한 마리가 없었어.

"양들아, 너희는 자고 있거라. 내가 얼른 잃어버린 한 마리를 찾아오마."

목자는 들판으로 뛰어갔어. 그리고 양의 이름을 불렀지. 양의 이름이 뭐냐고? 음…… 그건 아빠도 모르는데, 여기서는 '두부'라고 하자. 양은 두부처럼 하얗잖아. 괜찮지? 응, 그럼 이야기를 계속할게. 목자는 양의 이름을 불렀어.

"두부야, 두부야! 어디 있니?"

목자는 들판을 걸어 다니며 계속 외쳤지.

"두부야, 두부야! 어디 있니?"

목자는 들판 구석구석까지 다 찾아보았지만, 두부를 찾을 수 없었어. 이번에는 언덕을 올라갔지.

"두부야, 두부야! 어디 있니?"

언덕에도 두부는 없었어. 목자의 이마에 땀이 송골송골 맺혔지. 목자는 소맷자락으로 땀을 쓱 닦아 내고는 또 뛰어갔어. 이번에는 웅덩

이에 대고 소리를 질렀지.

"두부야! 두부야!"

풀숲에서도 소리를 질렀어.

"두부야! 두부야!"

목자는 점점 지쳐 갔지. 송골송골 맺혔던 땀이 이제는 소낙비처럼
쏟아졌어. 다리에 힘이 하나도 없었지. 목자는 주저앉아서 생각했어.

'두부를 찾는 건 포기해야겠어.'

이렇게 생각했을까? 아니야. 목자는 포기할 수 없었어.

'자, 다시 힘을 내자. 두부를 꼭 찾아야 해.'

목자는 다시 일어나 두부를 찾아 헤맸어.

"두부야, 두부야!"

바로 그때였어. 어디선가 희미하게 두부의 울음소리가
들렸지.

"메에에 메에에~."

목자는 소리가 나는 쪽으로 다가가서 다시
한 번 두부를 불렀어.

"두부야, 두부야!"

"메에에~ 메에에~."

덤불 속이었어. 목자는 덤불을 헤쳐 보았지. 거기에 두부가 있었어. 목자는 벌벌 떨고 있는 두부를 들어 올려 품에 꼭 안았어.

"많이 놀랐구나. 이제 괜찮다. 이제 괜찮아."

목자는 양을 데리고 목장으로 돌아왔어. 그리고 이웃 사람들을 불렀지.

"제가 잃어버렸던 양을 찾았어요! 오셔서 이 기쁨을 함께해 주세요!"

이웃 사람들이 하나둘 찾아오기 시작했어. 그릇에 음식을 담고 있는 목자를 보며 사람들이 물었지.

"아니, 정말 양을 찾아 며칠을 헤맸다면서요?"

"우리는 포기할 거라고 생각했어요. 겨우 한 마리인데 왜 포기하지 않았어요?"

목자는 음식을 담은 그릇에 기쁨을 살짝 얹으며 대답했어.

"한 마리 한 마리가 다 귀한걸요. 힘들었지만 꼭 찾을 거라고 믿었어요."

사람들은 고개를 끄덕거리며 음식을 먹었지. 그릇에 담긴 기쁨이 참 달콤해서 저절로 웃음이 났대.

아기를 위한, 축복 기도

사랑의 주님,

저희 아기가 요동하지 않고 행복할 수 있기를 원합니다.

오래 참을 줄 알고,

오래 참음으로 열매가 맺힌다는 걸 경험하며,

그 열매를 사람들과 나눌 수 있는 사람이기를 원합니다.

일곱 번 넘어지면 여덟 번 일어나며

주님의 도우심을 구하는 성도이기를 원합니다.

주님께서 축복하여 주시옵소서.

아브라함의 마음에
행복이 퐁퐁 솟았지

사랑하는 아가야, 아빠는 요즘 정말 행복하단다. 마음속에서 행복이 퐁퐁
솟아. 나무에서 열매가 떨어지듯이 하나님께서 행복을 와르르 떨어뜨려
주신 것만 같아. 네가 축복 열매잖아. 아빠는 너라는 축복을 받아 조금 행
복한 게 아니라, 아주 많이 행복한 거야. 그래서 하나님께 아주 많이 감사
하단다. 그리고 너한테도 감사를 전한다. 아빠를 행복하게 해 줘서 정말
고마워.

"아브라함아, 너의 집을 떠나서 새로운 곳으로 가거라!"
하나님은 아브라함에게 말씀하셨어. 아브라함은 어리둥절한 표정
으로 물었지.

"하나님, 그곳이 어디인가요?"

"내가 가르쳐 주겠다. 너는 나를 따라오면 된다."

"네, 알겠습니다. 제가 그렇게 하겠습니다."

아브라함은 하나님의 말씀을 따르기로 했지. 아내 사라에게 가서 속닥속닥, 조카 롯에게 가서 이러쿵저러쿵 하나님의 말씀을 전했어. 사라와 롯도 아브라함을 따라가기로 했지. 아브라함과 사라와 롯은 짐을 챙겨 길을 떠났어.

여기저기서 음매음매 소리가 들렸어. 아브라함에게는 소와 양이 많이 있었거든. 아브라함은 소와 양을 다 데리고 갔어. 소와 양을 돌보는 목자들도 함께 길을 떠났지.

"아브라함아, 이쪽이다."

하나님은 아브라함에게 길을 가르쳐 주셨어. 아브라함은 하나님이 가르쳐 주신 방향으로 향했지. 낙타를 타고 가기도 하고 걸어가기도 했어. 땀이 뻘뻘 나기도 하고 햇볕에 얼굴이 타기도 했지.

"사라, 힘들지 않나요?"

"저는 괜찮아요."

사라는 힘들었지만 아브라함이 걱정할까 봐 내색하지 않았어. 롯도 힘내서 잘 따라가겠다고 말했지. 아브라함의 마음에 행복이 퐁퐁 솟았어.

'하나님, 저는 하나님께서 좋은 땅으로 저희를 인도해 주실 거라 믿어요. 하나님께서 주실 땅을 생각하면 가슴이 콩닥콩닥 뛰어요.'

아브라함의 마음이 하나님께 말했지. 아브라함의 얼굴에는 미소가 떠올랐고, 아브라함의 다리는 다시 힘을 내서 뚜벅뚜벅 걸었어.

하루, 이틀, 사흘, 나흘, 닷새, 엿새, 이레, 여드레, 아흐레, 열흘…… 여러 날이 지났지. 아브라함과 사라와 롯과 소와 양과 목자들은 하나님이 가르쳐 주신 방향으로 열심히 걸었어. 그러다가 반짝반짝 별이 얼굴을 내밀면 아브라함이 말했지.

"자, 오늘은 여기서 잠을 청해야겠구나."

아브라함이 말하면, 모두들 짐을 풀고 천막을 쳤어. 천막 안에 들어가 쿨쿨 잠을 잤지.

"자, 아침이다. 모두 길을 떠나자."

저 멀리 동쪽에서 해가 불쑥 나타나면 일어나 짐을 다시 싸고 출발! 정말 긴 여행이었지.

그러던 어느 날이었어. 아브라함과 사라와 롯과 소와 양과 목자들은 아주 아름다운 곳을 발견했지.

"와, 이곳은 정말 살기 좋은 곳 같아요."

사라가 말했어.

"음매에~ 음매에~."

소와 양이 기뻐하며 대답했지. 풀이 잘 자라 있어서 소와 양이 살기에도 좋은 곳이었거든. 아브라함은 그곳을 둘러보며 생각했지.

'이런 곳에서 살 수 있다면 참 좋겠구나.'

곧 하나님의 목소리가 들렸어.

"아브라함아, 여기가 내가 너에게 약속한 땅이다. 앞으로 너와 네 자손이 아주 많아질 것이다. 너는 이곳에서 자손들을 데리고 영원히 살거라."

아브라함의 마음에 행복이 퐁퐁 솟았지. 아브라함은 큰 소리로 말했어.

"사라! 롯! 그리고 여러분! 이 땅을, 바로 이 땅을 하나님께서 우리에게 주셨습니다!"

사라는 히죽 웃고 롯은 히히 웃었지. 소와 양은 음매음매 웃고, 목자들은 껄껄 웃었지. 모두의 마음에 행복이 퐁퐁 솟았으니까 말이야.

아기를 위한, 축복 기도

사랑의 주님,

하나님의 계획하심을 기대하고

하나님의 말씀에 귀를 기울이는 아이가 되게 해 주세요.

불안한 마음을 버리고

하나님이 주신 길을 따라 걷던 아브라함처럼

설레는 마음으로 하나님과 동행하는 아이가 되게 해 주세요.

삶이라는 긴 여행 속에서

하나님을 잊지 않고

호흡처럼 기도하는 아이가 되게 해 주세요.

야이로가 털썩
무릎을 꿇었지

아가야, 건강하게 잘 자라라. 배 속에서도 아프지 말고, 세상에 나와서도 아프지 말고, 건강하게 무럭무럭 잘 자라라. 살다 보면 말이야, 다른 것이 더 중요하다고 생각되기도 하지만, 그래도 건강이 제일이란다. 건강하지 않으면 더 중요한 것을 가져도 소용없고, 더 중요하다고 생각되는 일을 할 수도 없거든. 아빠는 네가 몸도 마음도 건강한 사람이 되었으면 좋겠다. 사랑하고 축복한다.

털썩!

야이로가 예수님의 앞으로 가서 무릎을 꿇었지. 사람들은 깜짝 놀랐어.

"아니, 저게 누구야? 대제사장님이 아닌가?"

"그러게. 저렇게 높은 분이 무슨 일이야?"

사람들은 길을 비켜 주었고, 야이로는 간곡한 목소리로 예수님께 말했어.

"예수님, 제 딸이 아파요. 많이 아파요. 저와 함께 가셔서 제 딸을 고쳐 주세요!"

아, 야이로의 딸이 아프구나. 그러니까 무릎을 꿇었던 거야. 아무리 높은 사람이어도, 아무리 돈이 많아도 자식의 건강과 바꿀 수는 없잖아. 무슨 수를 써서라도 자식을 낫게 해야지. 아빠는 그 맘이 이해가 되는걸. 아마 예수님도 그러셨나 봐. 야이로에게 "너의 집으로 가자!"라고 말씀하셨거든. 야이로는 신이 났지.

바스락!

누군가 예수님의 옷자락을 만졌어. 예수님이 말씀하셨지.

"누군가 내 옷자락을 만졌다!"

"예수님, 여기 많은 사람이 모여 있잖아요. 누가 옷자락을 만졌는지 알 수 없어요."

제자 중의 한 사람이 말했고, 야이로는 속이 탔지. 자신의 집으로 빨리 가야 하는데, 시간이 늦추어지고 있잖아. 그때 한 여자가 말했어.

"예수님, 저예요! 저는 많이 아팠어요. 하지만 의사들은 제 병을 고칠 수 없었어요. 그런데 제가 예수님의 옷자락을 만지고 바로 나았어요."

예수님은 환한 미소를 지었고, 야이로는 마음을 달래며 생각했지. '급하게 생각하지 말자. 예수님이 같이 가신다고 했으니 참고 기다리자'라고 말이야. 예수님은 여자를 보며 말씀하셨어.

"너의 믿음이 너를 살렸다. 하나님께서 너의 믿음을 보고 치료해 주신 거란다."

"감사합니다."

여인은 꾸벅 인사를 하고 돌아갔지. 야이로는 이제 갈 수 있다는 생각에 기뻤어. 그런데 그때 낯익은 얼굴이 다가왔어.

터벅터벅!

예수님과 야이로 앞에 하인이 다가왔지. 야이로의 집에서 일하는 하인이었어. 하인은 슬픈 얼굴로 야이로를 쳐다보며 말했어.

"주인님, 아가씨가 움직이지 않아요."

야이로는 털썩 주저앉았지. 예수님은 야이로의 어깨에 손을 얹고 말씀하셨어.

"걱정하지 말고, 나와 함께 가자."

야이로는 일어나 예수님과 함께 갔어. 집으로 가는 길이 멀게 느껴졌지. 시간도 오래 걸리는 것만 같았어.

흑흑흑!

대문 앞에서 야이로의 부인이 울고 있었지. 예수님은 "울지 말아라!"라고 말씀하신 후에 집 안으로 들어가셨어. 정말 소녀가 꿈쩍도 하지 않고 누워 있었지. 그 모습을 본 야이로는 깜짝 놀랐지만, 예수님은 소녀의 손을 잡고 침착하게 말씀하셨어.

"얘야, 이제 일어날 시간이란다."

부스스!

소녀는 눈을 끔벅거리며 일어났어. 거기에 있는 모든 사람이 깜짝 놀라 "에구머니나!" 소리를 질렀지. 하지만 소녀는 그저 잠을 자고 일어난 사람처럼 말했어.

"엄마, 배고파요!"

소녀의 말에 사람들은 웃음을 터뜨렸지.

하하, 히히, 호호!

사람들은 식탁에 옹기종기 모여 웃음꽃을 피웠어. 소녀가 방그레 웃으며 말했지.

"예수님, 밥이 참 맛있지요?"

"그래, 맛있구나. 많이 먹어라."

예수님은 빙그레 웃으며 대답해 주셨어.

"예수님, 가장 행복한 식사입니다."

야이로가 말했어. 예수님은 말없이 고개를 끄덕였지. 사람들도 고개를 끄덕거리며 생각했어. 정말 가장 행복한 식사를 하고 있다고 말이야.

아빠를 위한, 축복 기도

사랑의 주님,

아이를 키우다가 어려운 일에 부딪힐 때,

어떤 방향이 맞는지 갈피를 잡지 못할 때,

하나님을 먼저 찾는 아빠가 되고 싶습니다.

아이가 스스로 할 수 있도록 도우며,

아이의 삶에 알맞은 조언을 할 수 있는

멘토 같은 아빠가 되기를 소망합니다.

아이에게 다 해 주는 아빠보다는

아이가 할 수 있도록 응원해 주고 축복해 주는

지혜로운 아빠가 되도록

하나님께서 지켜 주시고 도와주실 것을 믿습니다.

잠언 태교 4

　잠언 태교, 네 번째 시간입니다. 바쁜 일상 때문에 몸과 마음에 분주함이 남아 있다면, 우선 마음을 가다듬고 분주함을 털어 내 주세요. 아빠가 평화로워야 아기도 평화롭게 들을 수 있답니다. 자, 심호흡을 한번 하고, 평안한 마음으로 잠언 태교를 시작해 주세요.

아름다운 덕목 _ 잠언 19장

1

가난하여도 성실하게 행하는 자는

입술이 패역하고 미련한 자보다 나으니라.

지식 없는 소원은 선하지 못하고

발이 급한 사람은 잘못 가느니라.

사람이 미련하므로 자기 길을 굽게 하고
마음으로 여호와를 원망하느니라.

재물은 많은 친구를 더하게 하나
가난한즉 친구가 끊어지느니라.

거짓 증인은 벌을 면하지 못할 것이요,
거짓말을 하는 자는 피하지 못하리라.

너그러운 사람에게는
은혜를 구하는 자가 많고
선물 주기를 좋아하는 자에게는
사람마다 친구가 되느니라.

가난한 자는 그의 형제들에게도 미움을 받거든
하물며 친구야 그를 멀리하지 아니하겠느냐.
따라가며 말하려 할지라도
그들이 없어졌으리라.

지혜를 얻는 자는 자기 영혼을 사랑하고
명철을 지키는 자는 복을 얻느니라.

거짓 증인은 벌을 면하지 못할 것이요,
거짓말을 뱉는 자는 망할 것이니라.

미련한 자가 사치하는 것이 적당하지 못하거든
하물며 종이 주인을 다스릴 수 있으랴.

노하기를 더디 하는 것이 사람의 슬기요,
허물을 용서하는 것이 자기의 영광이니라.

왕의 노함은 사자의 부르짖음 같고
그의 은택은 풀 위의 이슬 같으니라.

미련한 아들은 그 아비의 재앙이요,
다투는 아내는 이어 떨어지는 물방울이니라.

집과 재물은 조상에게서 상속하거니와
슬기로운 아내는 여호와께로서 말미암느니라.

게으름이 사람으로 깊이 잠들게 하나니
태만한 사람은 주릴 것이니라.

계명을 지키는 자는 자기의 영혼을 지키거니와
자기의 행실을 삼가지 아니하는 자는 죽으리라.

2

가난한 자를 불쌍히 여기는 것은
여호와께 꾸어 드리는 것이니
그의 선행을 그에게 갚아 주시리라.

네가 네 아들에게 희망이 있은즉
그를 징계하되 죽일 마음은 두지 말지니라.

노하기를 맹렬히 하는 자는 벌을 받을 것이라

네가 그를 건져 주면 다시 그런 일이 생기리라.

너는 권고를 들으며 훈계를 받으라.
그리하면 네가 필경은 지혜롭게 되리라.

사람의 마음에는 많은 계획이 있어도
오직 여호와의 뜻만이 완전히 서리라.

사람은 자기의 인자함으로 남에게 사모함을 받느니라.
가난한 자는 거짓말하는 자보다 나으니라.

여호와를 경외하는 것은
사람으로 생명에 이르게 하는 것이라,
경외하는 자는 족하게 지내고
재앙을 당하지 아니하느니라.

게으른 자는 자기의 손을 그릇에 넣고서도
입으로 올리기를 괴로워하느니라.

거만한 자를 때리라.

그리하면 어리석은 자도 지혜를 얻으리라.

명철한 자를 견책하라.

그리하면 그가 지식을 얻으리라.

아비를 구박하고 어미를 쫓아내는 자는

부끄러움을 끼치며 능욕을 부르는 자식이니라.

내 아들아,

지식의 말씀에서 떠나게 하는 교훈을 듣지 말지니라.

망령된 증인은 정의를 업신여기고

악인의 입은 죄악을 삼키느니라.

심판은 거만한 자를 위하여 예비된 것이요,

채찍은 어리석은 자의 등을 위하여 예비된 것이니라.

오래 참음 ★

성령의 일곱 번째 열매 '충성'은 하나님 앞에서 최선을 다하는 신앙의 자세를 말합니다. 매사에 근면하고 성실하며 적극적이고, 맡겨진 일에 최선을 다하며, 하나님을 존경하며 순종하는 마음이요. 성령의 아홉 번째 열매 '절제'는 하나님을 믿는 사람이 성령의 은혜에 사로잡혀 자신을 조절하는 것을 의미합니다. 조화와 질서를 추구하며 치우침이 없는 마음이며, 예수님 안에서 성령의 아홉 가지 열매를 온전히 이루기 위해 꼭 필요한 마음이랍니다. 충성과 절제의 성품이 있는 사람은 온전한 성품을 이룰 수 있지요.

Chapter 5 온전한 성품을 꿈꾸거라

충성♥절제

동화에 들어가기 전에 나오는 태담도 꼭 읽어 주세요. 태담 태교를 하면 산모와 아기가 평온한 마음으로 감정을 교류하고 아기 뇌세포를 자극해 뇌 발달과 청력 발달에 도움을 주거든요. 태담이 자연스러운 분은 평소에도 해 주시면 좋겠죠? 출근할 때는 "아가야, 아빠는 회사 다녀올게", 퇴근할 때는 "아빠, 회사 다녀왔어. 엄마랑 행복하게 지냈니?"라고 말을 건네 주세요. 동화도 태담의 연장선이니, 태담처럼 정답게 해 주시면 더욱 좋답니다.

슬기로운 다섯 처녀는
등과 기름을 준비했대

사랑하는 아가야, 아빠는 좋은 성품을 가지려고 노력하는 사람이란다. 하지만 앞으로도 아주 많이 노력해야 할 거 같아. 아빠는 온전한 성품을 가진 사람은 아니거든. 그리고 이 세상에 온전한 성품을 가진 사람은 없는 거 같아. 누구나 모난 성품이 한 가지씩은 있게 마련이거든. 하지만 자신이 그 부분을 발견하고, 둥글게 만들려고 노력하는 거지. 하나님은 우리에게 온전한 성품을 주시진 않았지만, 주를 믿는 믿음 안에서 온전한 성품으로 거듭날 수 있는 은혜를 주셨으니까. 너도 그 은혜를 받아서 온전한 성품으로 거듭나기를 노력하는 사람이었으면 좋겠어. 아빠와 함께 노력하자꾸나.

딴딴따단 딴딴따단~.

엄마, 아빠의 결혼식 날에 이렇게 결혼 행진곡이 울렸어. 엄마의 마음은 설렜고, 아빠의 마음은 들떴지. 엄마와 아빠는 손을 잡고 많은 사람들 앞에서 부부가 되겠다고 약속했어. 그리고 행복하게 살다가 더욱 행복한 일이 생겼지. 우리를 더욱 행복하게 한 건 바로 너였어. 네가 생겼다는 소식에 엄마도 아빠도 할아버지도 할머니도 다 기뻐하셨지.

딴딴따단 딴딴따단~.

오늘 이야기에는 결혼식이 나온단다. 그런데 이렇게 결혼 행진곡이 울리지는 않았을 거야. 아주 먼 옛날이었거든. 대신 와글와글 떠드는 소리가 났지. 결혼식장 앞에 처녀 열 명이 모여들었거든.

"오늘이 소망이의 결혼식이구나. 너무 신난다."

"응, 나도 괜히 설레는 거 있지? 그런데 우리 여기서 기다려야 하는 거야?"

"응, 여기서 신랑을 기다렸다가 같이 들어가야지."

"그래, 그러자. 우리가 등을 밝히며 들어가야지."

처녀들은 결혼식장 앞에서 신랑을 기다렸어. 그런데 한참 지나도 신랑이 오지 않는 거야. 처녀들은 꾸벅꾸벅 졸기도 하고, 졸다가 벽에 머리를 쾅 부딪치기도 했어. 졸린 걸 참으려고 눈을 크게 떠 보기도 하고, 이야기를 하며 잠을 쫓기도 했지. 그러다가 한 처녀가 놀라며 물었어.

"어! 너희들은 기름이 있네? 왜 가져온 거야?"

"등을 밝히려면 기름이 있어야 하잖아."

"아! 그렇구나!"

한 처녀가 말하니, 마치 돌림노래처럼 네 명의 처녀가 "아, 그렇구나!"를 외쳤어. 그리고 보니 그릇에 기름을 담아서 준비한 처녀가 다섯 명, 기름을 준비하지 않은 처녀가 다섯 명이었지. 기름을 가져오지 않은 처녀가 기름을 가져온 처녀에게 물었어.

"그 기름을 좀 나눠 줄 수 없겠니?"

"나눠 주고는 싶지만, 지금 기름을 나눠 주면 우리 등불이 꺼질 거야."

"아, 그렇구나!"

"얼른 가서 사 와. 아직 신랑이 오지

않았잖아."

　기름을 준비하지 않은 다섯 처녀는 벌떡 일어났지. 그리고 서둘러
기름을 사러 뛰어갔어.

　아이코!
　아가야, 어쩌면 좋아? 다섯 처녀가 기름을 사러 간 사이에 신랑이
와 버렸지 뭐야. 어쩔 수 없이 기름을 준비했던 다섯 처녀들은 등불을
밝히고 신랑과 함께 결혼식장으로 들어갔어. 어여쁜 신부가 해맑게

웃으며 신랑과 다섯 처녀들을 맞이했지. 결혼식이 시작되었고, 다섯 처녀들은 신부의 옆에서 들러리를 섰지.

헉헉!

기름을 사러 갔던 다섯 처녀가 숨을 몰아쉬며 도착했어.

"뭐야, 결혼식이 이미 시작된 거야?"

"기름을 사 가지고 왔는데 이게 뭐야?"

"그러게. 기름을 미리 준비할걸."

후회했지만 소용없었지. 후회가 찾아왔다는 건 이미 늦었다는 뜻이 거든.

온전한 주님,

아기가 온전한 성품으로 거듭날 수 있도록

은혜를 내려 주옵소서.

주님께 순종하며

절제하는 습관을 들여서

좋은 성품을 꿈꾸게 하옵소서.

처음부터 완벽한 것이 아니라,

주님을 믿고 경외하며

주님을 닮아 가려 애쓰는 삶을 살도록,

차츰 온전해지며 은혜 받는 삶을 살도록

도와주실 것을 믿습니다.

갈렙은
"하나님!" 하고 불렀지

아가야. 힘들 때면 말이야, 주저앉아 울기보다는 하나님을 부르자. 그리고 마음속 이야기들을 꺼내서 하나님 앞에 쏟아 놓는 거야. 그러면 하나님께서 함께해 주시고 도와주실 거라고 믿어. 아빠도 힘들 때면 말이야, 하나님을 소리쳐 부르고, 하나님께 다 이야기한단다. 그럼 하나님께서 때론 안아 주시고, 때론 지혜를 주시고, 때론 힘을 주시더라고. 너도 아빠처럼 하나님의 사랑을 느끼면서 자라기를 바란다. 축복하고 사랑한다, 우리 아가.

가나안 땅에 도착한 이스라엘 백성들이 외쳤어.
"야호! 여기가 우리 땅이야!"

"와! 하나님께서 정말 좋은 땅을 주셨구나!"

가나안 땅은 이스라엘 백성에게 하나님이 주신 선물이었지. 백성들은 선물을 받고 무척 기뻐했어. 그런데 그 기쁨을 방해하는 사람들이 있었어. 바로 우락부락한 가나안 사람들이었어. 가나안 사람들은 이스라엘 백성들을 찾아가서 으르렁거렸지.

"뭐야?"

"지금 누가 이렇게 시끄럽게 떠드는 거야?"

이스라엘 백성들은 벌벌 떨기 시작했어.

"어쩌면 좋아?"

"그러게 말이야. 우린 이제 어떡하지?"

그때 어디선가 씩씩한 목소리가 들려왔어.

"걱정하지 마세요! 하나님께서 우리와 함께하시면 저들은 우리의 밥입니다."

백성들은 목소리가 나는 쪽으로 고개를 돌렸지. 거기에 늠름하게 서 있던 사람이 바로 갈렙이었어. 갈렙은 "하나님!" 하고 불렀어. 그리고 말했지.

"저는 하나님의 약속을 믿습니다."

갈렙의 이야기를 들은 하나님께서는 흐뭇한 미소를 지으셨지. 그리고 갈렙의 믿음대로 되도록 해 주셨어. 하나님께서는 갈렙에게 "네가 밟는 땅을 너와 네 자손에게 주겠다"고 약속하셨지.

그 후로 오랜 세월이 지났어. 갈렙은 눈이 침침해져서 세상이 흐리게 보였어. 할아버지가 되었거든. 하지만 갈렙의 믿음은 그대로였어. 하나님의 약속을 선명하게 담고 있었지. 갈렙은 "하나님!" 하고 불렀어. 그리고 말했지.

"헤브론 산지를 주세요. 저는 하나님께서 주실 것을 믿습니다."

갈렙은 하나님이 헤브론 산지를 주실 거라고 굳게 믿었어. 하지만 그건 힘든 일이었지. 헤브론 산지는 뾰족한 돌도 많고 울퉁불퉁해서 그냥 걷기에도 힘든 곳이었어. 게다가 헤브론 산지에는 아낙 자손이라는 사람들이 살고 있었어. 그들은 목이 기린처럼 길고, 덩치가 사자처럼 큰 사람들이었지. 그 사람들에 비하면 갈렙은 메뚜기처럼 작았어. 하지만 갈렙은 두렵지 않았어. "하나님!" 하고 부르고, 씩씩한 목소리로 말했지.

"우리가 하나님을 기쁘게 해 드리면 하나님께서 그 땅을 주실 것입니다!"

갈렙은 담대히 나아갔어. 그리고 한 무

리의 사람들이 뒤따랐지. 하지만 갈렙을 따르지 않는 사람도 많았어. 갈렙이 같이 가자고 아무리 외쳐도 소용없었지.

"아낙 자손이 얼마나 무서운데, 우리가 어떻게 이기겠어?"

"그러게 말이야. 생각만 해도 무서운걸."

그들은 벌벌 떨며 서 있었어. 갈렙은 안타까운 마음으로 그들을 보았지. 그때 지도자였던 여호수아가 갈렙의 옆에 우뚝 서서 사람들에게 말했어.

"우리가 하나님께 순종하면 하나님께서 그 땅을 우리에게 주실 것이다!"

사람들도 이제 어쩔 수 없었지. 지도자가 그렇게 말을 하는데 어쩌겠어? 여호수아와 갈렙이 앞장서서 뚜벅뚜벅 걸어갔어. 그 뒤로 사람들이 뒤따랐지.

"하나님께서 나와 함께하시면 내가 하나님께서 말씀하신 대로 그들을 쫓아내리이다!"

갈렙의 이야기를 들은 하나님께서는 흐뭇한 미소를 지으셨지. 그리고 갈렙의 믿음대로 되도록 해 주셨어. 헤브론 산지를 갈렙에게 주셨을 뿐 아니라 자손들까지 대대로 그 땅에 머물 수 있게 해 주셨대.

믿음에 화답하시는 하나님,

믿기만 하면 되는데

순종하고 충성하면 언제나 더 좋은 것으로 답해 주시는

하나님인데,

세상 살다 보면 가끔 그 사실을 잊는 것 같습니다.

우리 아기는 그 사실을 기억하며,

언제나 하나님을 신뢰하며 나아가게 해 주시옵소서.

하나님의 지혜와 사랑이

아기의 마음속에 잘 자리 잡기를 원하고 바랍니다.

아기를 축복해 주시옵소서.

옷니엘이 출동한다,
길을 비켜라!

사랑하는 아가야, 우리 집에 축복의 선물로 찾아온 아가야, 건강하게 잘
있지? 행복하고 평화롭게 잘 있었으면 좋겠다. 네가 그럴 수 있도록 엄마
랑 아빠도 서로 사랑하고 배려하며 평온하게 살게. 아빠랑 엄마가 서로
이해하지 못하고 얼굴을 붉힐 때면 네가 발차기를 해 주렴. 그럼 엄마가
깜짝 놀라서 피식 웃고, 아빠도 피식 웃으며 다시 행복해질 테니까. 축복
을 전한다, 세상에서 가장 소중한 우리 아가.

어쩌면 좋아.

이스라엘 백성들이 또 우상을 섬겼어. 또 하나님을 잊어버리고 바
알과 아세라를 섬긴 거야. 그러다가 큰일이 났지. 글쎄, 메소포타미아

의 구산 리사다임 왕이 쳐들어왔지 뭐야. 그리고 그 왕은 이스라엘 백성들을 신하처럼 부렸어.

"저기 가서 일을 해!"

"너는 왜 게으름을 피우고 일을 안 하냐?"

이러면서 말이야. 이스라엘 사람들은 너무 힘이 들어서 털썩 주저앉기도 하고, 엉엉 울기도 했어.

어쩌면 좋아.

그제야 하나님 생각이 났지.

"우리를 구원해 주신 하나님이 있잖아. 하나님께 살려 달라고 말해 보자."

"말도 안 돼. 우상을 섬긴 우리를 용서해 주시겠어?"

이스라엘 사람들은 절레절레 고개를 저었어.

"나라면 용서 안 할 거야."

"맞아, 얼마나 화가 났겠어?"

"그래, 알아. 하지만 방법이 없잖아."

이스라엘 사람들은 할 수 없이 하나님께 말하기로 했어. 엉엉 울면서 하나님께 부르짖었지.

"하나님, 잘못했어요. 하나님을 잊고 우상을 섬겼어요. 용서해 주세요. 도와주세요."

하나님은 그 소리를 들었지. 무슨 생각을 하셨을까? 아빠 같으면 괘씸하다고 생각했을 거야. 그런데 하나님은 달랐어.

어쩌면 좋아.

정말 하나님의 마음은 바다처럼 넓은가 봐. 마음에서 철썩 파도 소리가 들릴 것만 같다니까. 글쎄 이스라엘 사람들을 또 용서해 주셨지 뭐야. 그리고 그들을 구원할 사람까지 보내 주셨어. 그 사람은 하나님의 능력을 지니고 이스라엘을 구원하기 위해 씩씩하게 걸어갔지. 그의 이름이 바로 옷니엘이야.

"자, 옷니엘이 출동한다! 길을 비켜라!"

이스라엘 백성들은 하나님께 감사를 드리고, 구산 리사다임 왕은 오들오들 떨었어.

"저기 가서 일해!"

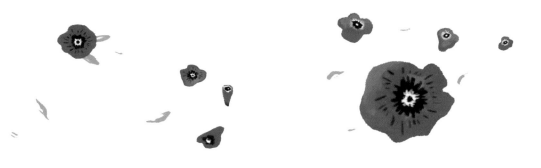

"너는 일을 안 하면 밥도 못 먹을 줄 알아!"

이렇게 큰소리를 치던 사람이 옷니엘을 만나고 달라졌지. 목소리가 쨱쨱 병아리처럼 작아졌어.

"무……무슨 일이십니까?"

"나는 하나님이 보낸 구원자, 옷니엘이다!"

옷니엘은 우렁찬 목소리로 대답했지.

어쩌면 좋아.

구산 리사다임 왕이 줄행랑을 쳤지 뭐야.

"와! 하나님 만세! 옷니엘 만세!"

이스라엘 사람들은 잃어버렸던 웃음을 되찾았지. 그리고 이스라엘에 평화가 찾아왔어. 그 평화는 아주 오래도록 머물면서 이스라엘 사람들을 행복하게 해 주었대.

여호와 하나님,

그 크신 사랑에 감사와 경배를 올립니다.

우리 아기가 하나님께 순종하는 삶을 살게 하옵시고,

하나님의 뜻을 알고 따르며

두려움을 떨쳐 버리고 담대함으로 나아가게 하옵소서.

천국의 소망을 갖게 하시고

이 세상의 천국을 발견하고 소망하며 살도록 도와주시옵소서.

주님이 찾으시는 예배자가 되기를 원합니다.

기쁨으로 예배드릴 수 있는 사람이 되도록 도와주시옵소서.

아나니아는 하나님의 말씀 따라, 뚜벅뚜벅!

귀여운 우리 아가, 잘 있니? 가끔 네가 발차기를 하는 것 같다고 엄마가 얘기를 해 준단다. 엄마는 네가 움직일 때마다 참 기분이 좋은가 봐. 아 빠는 그런 기분을 느낄 수 없으니 조금 아쉬워. 하지만 운이 좋으면 네가 움직일 때 손으로 느낄 수 있단다. 엄마가 얘기해 주면 아빠가 바로 손을 대 보거든. 그러면 정말 네가 엄마 배 속에 있다는 게 실감이 나서 기분 이 아주 좋아진단다. 창으로 들어온 햇빛이 방 안을 가득 메우고 있는 것 처럼 참 밝은 기분이 된단다. 너도 아빠의 목소리를 들을 때 그런 기분이 었으면 좋겠다. 사랑하고 사랑하고 또 사랑한다, 우리 아가.

뚜벅뚜벅!

사울이 걸어가면서 투덜댔지.

"아니, 도대체 이해할 수가 없잖아? 왜 사람들은 예수를 믿는 거지? 예수는 그저 거짓말을 잘하는 사람일 뿐이라고! 예수가 하나님의 아들이라고 떠드는 걸 보면 하나님도 싫어하실 거야. 내가 예수를 따르는 자들에게 다 벌을 줄 거야!"

사울은 정말 이렇게 생각했어. 예수님을 사랑하는 사람들은 사울만 나타나면 벌벌 떨었지.

"사울이 나타났어! 우리를 감옥에 가두고 말 거야!"

"으악! 도망가자!"

사람들은 여기저기 숨었지만 소용없었어. 사울이 찾아내서 감옥에 가두고 철커덕 문을 닫아 버렸거든.

뚜벅뚜벅!

사울은 다메섹이라는 도시로 향하고 있었어. 그곳에는 예수님을 사랑하는 사람들이 많았거든. 그 사람들을 괴롭히려고 가던 중이었지.

"어, 이제 조금만 가면 다메섹이군."

사울은 더 빨리 걷기 시작했지. 그런데 갑자기 이상한 일이 일어났어. 하늘에서 찬란한 빛이 내려와 사울을 감싸지 뭐야. 사울은 깜짝 놀라서 땅바닥에 철퍼덕 주저앉았어.

"사울아, 너는 왜 나를 괴롭히느냐?"

하늘에서 웅장한 목소리가 들려왔어. 사울은 떨리는 목소리로 물었어.

"누구……십니까?"

"나는 네가 괴롭히는 예수다. 너는 일어나 시내로 들어가라. 네가 앞으로 해야 할 일을 알려 줄 사람이 있을 것이다."

사울은 덜덜 떨면서 일어났어. 그런데 이게 어떻게 된 일이야? 세상이 온통 캄캄했지. 사울은 아무것도 볼 수 없게 되었어.

뚜벅뚜벅!

사울이 또 걸어가느냐고? 아니야. 이번에는 예수님을 진심으로 사랑하는 사람, 아나니아야. 아나니아에게 하나님이 말씀하셨지.

"아나니아야, 다메섹에 있는 유다의 집으로 가면 사울이라는 사람이 있을 것이다. 그는 지금 앞을 보지 못한다. 네가 가서 사울의 머리에 손을 얹고 기도해 주거라."

아나니아는 어리둥절했지. 사울이라면 예수님을 싫어하는 사람이라는 걸 알고 있었어. 아나니아도 예수님을 사랑하는 사람들을 괴롭히려고 사울이 다메섹으로 오고 있다는 소문을 들었지. 그런데 그런 사람에게 가서 기도해 주라니…… 아나니아는 하나님의 말씀을 이해할 수 없었지.

"하나님, 사울은 예수님을 싫어하고, 예수님을 좋아하는 사람들을

많이 괴롭혔어요. 그런데 왜 그에게 가서 기도를 하라고 하시는 거죠?"

"그래, 나도 알고 있다. 사울도 이제 예수를 사랑하게 되었다. 사울은 앞으로 내 이름을 전할 것이다."

아나니아는 고개를 끄덕거렸지. 아나니아는 하나님의 말씀을 따라 사울을 만나러 갔어. 유다의 집으로 들어가 사울에게 말했지.

"사울, 나는 아나니아라고 해요. 하나님께서 보내셨어요."

아나니아는 사울의 머리에 손을 얹고 기도해 주었어. 그리고 놀라운 일이 벌어졌지. 사울의 눈이 다시 세상을 볼 수 있게 되었어.

"아나니아! 당신이 보여요!"

"예수님께서 당신을 용서해 주셨어요."

사울은 기뻐서 펄쩍 뛰었지. 아나니아는 사울에게 세례를 주었어. 사울은 그제야 깨닫게 되었지. 예수님이 하나님의 아들이라는 사실을 말이야. 사울은 밥을 꼭꼭 씹어서 먹고 다시 건강해져서 문을 활짝 열었어.

뚜벅뚜벅!

아나니아냐고? 아니, 사울이야. 사울은 밖으로 나가 사람들이 있는 곳으로 걸어갔어. 그리고 큰 소리로 말했지.

"여러분! 예수님은 하나님의 아들이십니다! 예수님을 믿으세요!"

아나니아는 활짝 웃었고, 사람들은 깜짝 놀랐지.

"저 사람, 사울 아니야?"

"어, 맞네. 사울이야."

"사울이 왜 저러는 거야?"

"그러게, 믿을 수가 없네."

사람들은 소곤대고, 사울은 계속 소리쳤지.

"저는 이제 알게 되었습니다! 예수님은 분명히 하나님의 아들이십니다!"

하늘에서 한 줄기 햇살이 비쳤어. 사울은 빛으로 오셨던 예수님이 떠올라서 활짝 웃었지. 그리고 다짐했대. 어디를 가든 예수님을 전하는 사람이 되겠다고 말이야.

아기를 위한, 축복 기도

축복의 하나님,

저희 아기가 하나님의 말씀에 순종하며,

예수님을 전하는 사람이 되게 해 주세요.

아나니아처럼 예수님을 사랑하는 사람이

아기의 주위에 많게 해 주시고,

어디를 가든 예수님을 자랑하고

예수님의 성품을 닮아

사람들의 사랑을 받는 사람이 되도록 도와주세요.

아기의 성품을 위해, 아기의 미래를 위해

기도드립니다.

하나님께서 함께해 주실 것을 믿습니다.

엘리 제사장은
왜 그랬을까?

아가야, 이제 아빠 목소리를 잘 알아들을 수 있겠지? 이렇게 이야기를 많
이 해 줬는데도 아빠 목소리를 모른다면 아빠는 으앙 울어 버릴지도 몰
라. 흐흐, 지난번에 초음파로 보았던 네가 생각난다. 넌 정말 사랑스럽게
생겼더라. 사람들은 어떻게 아냐고 하겠지만, 아빠는 알 수 있어. 너도 알
고 있지? 아빠가 최고로 멋진 아빠라는 걸! 꼭 알아주리라 믿어. 세상에
서 제일 사랑스러운 우리 아가, 곧 만나자.

아가야, 우리 이번에는 엘리 제사장이 살고 있는 성막을 들여다볼
까? 그곳에는 엘리 제사장과 두 아들이 살고 있어. 두 아들도 엘리 제

사장처럼 제사장이야. 그리고 또 한 사람, 사무엘이 살고 있지. 사무엘은 하나님의 말씀을 잘 듣는 사람이야. 엘리 제사장을 도와 일을 하는 사무엘은 언제나 싱글벙글 웃었어. 하나님의 일을 한다는 건 사무엘에게 기쁨이었거든. 하지만 엘리 제사장의 두 아들은 달랐어. 언제나 심술궂은 표정으로 다녔지. 웃지 않았냐고? 아니, 가끔 웃긴 했지. 사람들을 골탕 먹인 다음에 이히히 웃었어.

"이히히, 형님! 제가 솥에다가 창을 넣어서 고기를 건졌습니다."

"이히히, 어리석은 자들이 또 하나님께 드릴 제물을 가져왔구나? 하지만 네가 건졌으면 우리 것이지. 맛있게 먹자꾸나."

"이히히, 네. 아직 따뜻한 게 아주 맛있습니다. 얼른 드세요!"

하나님께 드릴 제물을 마음대로 꺼내서 먹다니, 정말 이상한 제사장들이지? 그런데 그들의 심술궂은 행동이 이것뿐만이 아니야. 제물을 바치러 오는 사람에게 버럭 소리를 지르기도 했지.

"제사장이 구워 먹을 고기를 빨리 줘라!"

"아니, 제사장님. 제물로 바칠 고기의 기름을 떼어 태워야 하지 않습니까? 그런 다음에 드리겠습니다."

"지금 당장 줘! 지금 주지 않으면 강제로 빼앗겠다!"

사람들은 어쩔 수 없이 고기를 내주곤 했지.

사람들은 입을 삐죽 내밀며 말했어.

"엘리 제사장의 두 아들은 정말 마음이 울퉁불퉁해."

"그러게. 사무엘을 닮으면 얼마나 좋아."

"도대체 엘리 제사장은 저런 아들들을 혼내지도 않고 뭘 하고 있는 거야?"

사람들은 모이기만 하면 엘리 제사장의 두 아들에 대해 쑥덕쑥덕 이야기하느라 바빴어. 그리고 그 이야기는 어느새 바위를 넘고 개울을 건너 엘리 제사장의 귀에 들어갔지. 엘리 제사장은 깊은 한숨을 내쉬고, 한참 동안 생각한 뒤에 두 아들을 불렀어. 이제 두 아들은 혼쭐이 나겠지? 어쩌면 찰싹찰싹 회초리를 맞을지도 몰라.

엘리 제사장 앞에 두 아들이 와서 물었지.

"아버지, 무슨 일이세요? 왜 부르신 거죠?"

엘리 제사장은 두 아들에게 부드러운 목소리로 말했어.

"너희가 잘못한 일이 많더구나. 사람들이 너희에 대해 쑥덕거리고 있다. 이제 그렇게 하지 말거라."

엥? 엘리 제사장은 왜 그랬을까? 많이 혼낼 줄 알았는데, 너무 부드럽게 타이르고 있잖아.

엘리 제사장의 두 아들은 아버지의 말을 잘 듣지 않았어. 그리고 계속 잘못을 저질렀지.

그러던 어느 날, 하나님께서 사무엘에게 말씀하셨어.

"사무엘아, 엘리 제사장의 두 아들은 잘못을 아주 많이 했단다. 나는 그들에게 벌을 줄 것이다."

엘리 제사장은 사무엘이 하나님의 음성을 들었다는 사실을 알고, 사무엘에게 가서 물었어.

"사무엘아, 하나님께서 너에게 무슨 말씀을 하시더냐?"

사무엘은 말할 수 없었어. 사무엘은 엘리 제사장을 잘 따랐거든. 그런데 어떻게 그런 이야기를 전할 수 있겠어? 하지만 엘리 제사장은 꼭 듣고 싶었어.

"사무엘아, 꼭 이야기해다오."

사무엘은 어쩔 수 없이 하나님께 들은 이야기를 전했지. 엘리 제사장은 한숨을 푹 내쉬며 말했어.

"하나님은 우리의 주님이

시다. 스스로 생각하셔서 옳은 대로 하실 것이다."

엘리 제사장은 후회했을 거야. 두 아들을 잘 가르치지 못한 것을 말이야. 하지만 이미 늦었잖아. 엘리 제사장은 왜 그랬을까? 조금만 일찍 깨달았다면 참 좋았을 텐데 말이야.

아빠를 위한, 축복 기도

선하신 아버지,

저도 아버지처럼 선한 아버지가 되기를 원합니다.

하지만 아름다운 권위를 세우고

일관된 태도로 훈육할 수 있기를 바랍니다.

제가 아이에게 잘못하는 일이 생긴다면,

아이에게 잘못을 시인하고

사과할 수 있는 아버지가 되기를 원합니다.

순간의 감정으로 판단하지 않고

온유한 마음으로 깊이 생각하고 행동하는

아버지가 되게 해 주세요.

아버지를 닮아 좋은 아버지가 되도록,

삶이 아름다운 아버지가 되도록 도와주시옵소서.

♥

잠언 태교, 마지막 시간입니다. 하지만 아기가 태어나는 그날까지 잠언 태교를 틈틈이 해 주세요. 성경책을 펴고 잠언을 읽어 주시면 됩니다. 잠언 태교를 하기 전에 아기가 지혜롭게 자라도록 기도하신다면 더욱 좋겠지요? 그리고 잠언 태교를 한 후에는 아빠가 깨달은 점을 아기에게 이야기해 주셔도 좋답니다.

대인 관계를 위한 잠언 _ 잠언 27장

1

너는 내일 일을 자랑하지 말라.

하루 동안에 무슨 일이 일어날지

네가 알 수 없음이니라.

타인이 너를 칭찬하게 하고

네 입으로는 하지 말며

외인이 너를 칭찬하게 하고
네 입술로는 하지 말지니라.

돌은 무겁고
모래도 가볍지 아니하거니와
미련한 자의 분노는 이 둘보다 무거우니라.

분노는 잔인하고 진노는 범람하는 물과 같거니와
사람의 질투를 누가 당할 수 있으랴.

면전에서 책망하는 것은
숨은 사랑보다 나으니라.
친구의 아픈 책망은 충직으로 말미암는 것이나
원수의 잦은 입맞춤은 거짓에서 난 것이니라.
배부른 자는 꿀이라도 싫어하고
주린 자에게는 쓴 것이라도 다니라.

고향을 떠나 유리하는 사람은

보금자리를 떠나 떠도는 새와 같으니라.

기름과 향이 사람의 마음을 즐겁게 하나니
친구의 충성된 권고가 이와 같이 아름다우니라.

네 친구와 네 아비의 친구를 버리지 말며
네 환난 날에 형제의 집에 들어가지 말지어다.
가까운 이웃이 먼 형제보다 나으니라.

2
내 아들아,
지혜를 얻고 내 마음을 기쁘게 하라.
그리하면 나를 비방하는 자에게
내가 대답할 수 있으리라.

슬기로운 자는
재앙을 보면 숨어 피하여도
어리석은 자들은

나가다가 해를 받느니라.

타인을 위하여 보증 선 자의 옷을 취하라.
외인들을 위하여 보증 선 자는 그의 몸을 볼모 잡을지니라.

이른 아침에 큰 소리로 자기 이웃을 축복하면
도리어 저주같이 여기게 되리라.

다투는 여자는
비 오는 날에 떨어지는 물방울이라
그를 제어하기가 바람을 제어하는 것 같고
오른손으로 기름을 움켜잡으려는 것 같으니라.

철이 철을 날카롭게 하는 것같이
사람이 그의 친구의 얼굴을 빛나게 하느니라.

무화과나무를 지키는 자는
그 과실을 먹고

자기 주인에게 시중드는 자는

영화를 얻느니라.

물에 비치면 얼굴이 서로 같은 것같이

사람의 마음도 서로 비치느니라.

무덤과 죽음이 만족하는 법이 없듯이

사람의 눈도 만족함이 없느니라.

도가니로 은을,

풀무로 금을,

칭찬으로 사람을 단련하느니라.

미련한 자를 곡물과 함께 절구에 넣고 공이로 찧을지라도

그의 미련은 벗겨지지 아니하느니라.

네 양 떼의 형편을 부지런히 살피며

네 소 떼에게 마음을 두라.

재물은 영원히 있지 못하나니
면류관이 어찌 대대에 있으랴.

풀을 벤 후에는 새로 움이 돋나니
산에서 꼴을 거둘 것이니라.

어린 양의 털은 네 옷이 되며
염소는 밭을 사는 값이 되며
염소의 젖은 넉넉하여
너와 네 집의 음식이 되며
네 여종의 먹을 것이 되느니라.

좋은 남편이 되기 위한, 성품 강의

많이 힘드시죠? 결혼을 하고, 한 여성의 남편이 되고, 한 아이의 아빠가 된다는 건 정말 상상을 초월할 만큼 힘든 일입니다. 순정만화처럼 로맨틱한 말과 행동이면 될 줄 알았는데, 현실은 만화적인 이상을 허락하지 않더라고요. 실전은 언제나 혹독하기 마련이지요. 그래서 아직 결혼하지 않은 친구들은 한심한 듯 말하기도 하지요. "그러게, 결혼은 왜 해서 고생이야?"라고요. 하지만 여러분은 알잖아요. 물론 힘들지만, 예상할 수 없던 큰 기쁨과 행복이 곳곳에 포진되어 있다는 것을요. 피곤한 일상생활 중에 아기에게 이야기를 건네는 것도, 이렇게 아내를 위해 글을 읽는 것도 큰 기쁨을 찾기 위한 수색작전이라고 생각해 주세요. 자, 그럼 아내의 사랑을 한 몸에 받을 수 있게 해 주는 성품 세 가지를 말씀드릴게요.

공감

우리 뇌에는요, 거울뉴런이라는 세포가 있대요. 그 세포는 우리가 공감할 수 있게 도와주는 건데요. 여러분이 축구 경기를 보면서 마치 선수가 된 것처럼 흥분하게 되는 것도 그 세포 때문이지요. 그 세포는 우리가 사랑을 할 때도 많이 작용하는데요. 연애 중에 아내가 하는 행동을 똑같이 따라 하게 되는 것도 거울뉴런의 효과라고 합니다. 그런데 신기한 것은요, 이 세포로 인해 상대방의 행동을 따라 하고 공감하면서 내가 공감한 만큼 공감받기를 바라게 된대요. "내 거울로 너를 이렇게 비추었으니, 너도 이만큼은 비춰 줘야지"라고 말하는 것이지요. 연애할 때 아내가 모기에 물렸다고만 해도 가슴이 아프지는 않으셨나요? 과일을 깎다가 손이라도 베었으면 가슴이 철렁 내려앉지 않으셨나요? 그런데 지금은 그 감정이 사라지지 않으셨나요? 만약 그러셨다면 지금 다시 그 감정을 찾아서 마음에 넣어 주세요. 아내는 공감해 주는 만큼 기쁘고, 남편의 사랑을 느낀답니다. 그리고 아내가 공감받는다고 느끼도록 하는 요령을 한 가지 알려 드릴게요. 아주 쉽답니다. 아내가 하는 말의 끝 부분을 따라 해 주시면 돼요. 아내가 "여보, 나 임신하니까 숨이 차서 힘들어"라고 말하면 "숨이 차서 힘들구나!"라고 말씀해 주시는 거예요. "여보, 나 오늘 임부복 예쁜 거 사서 기분 좋았다" 하면 "와, 기분 좋았겠다" 해 주시면 돼요. 아주 쉽지요? 자, 그럼 오늘부터 꼭 실천해 주세요. 여러분이 공감하는 만큼 아내도 기쁘고, 아내가 기쁜 만큼 배 속의 아기도 기쁘다는 것! 꼭 기억하시고요.

두 번째
배려

저는 극동방송 드라마 작가로도 활동하고 있답니다. 그래서 취재하고 자료 조사할 일이 많은데요. 얼마 전, 탈북자가 한국에 적응하는 이야기를 드라마로 써야 해서 재작년에 탈북하신 할머니를 만났어요. 저는 할머니를 배려한다고 할머니 댁으로 찾아뵙겠다고 했지요. 경기도에 사시는 분이었는데, 방송국에 오시려면 버스를 타고 내려서 전철을 두 번 갈아타야 하셨거든요. 저는 당연히 제가 가는 게 예의라고 생각했어요. 그런데 할머니 생각은 달랐어요. 굳이 방송사로 오시겠다며, 찾아오겠다는 저를 한사코 말리셨지요. 저는 어쩔 수 없이 할머니께 방송사 위치를 알려 드리고, 전철역으로 마중을 나갔지요. 그리고 할머니를 만나서 여쭈었어요. "할머니, 제가 가면 되는데, 왜 오시겠다고 하셨어요. 너무 힘드셨죠?"라고요. 할머니가 대답하셨지요. "내가 북한에 있을 때 지하 교회에서 극동방송을 들으며 매일 기도했어요. 내가 살아서 남한에 가면 꼭 극동방송국을 구경하고 싶다고요. 이렇게 기도가 이루어졌는데, 힘들다고 안 올 수는 없지요." 저는 할머니의 대답을 듣고 참 많이 반성하였어요. 그리고 깨달았지요. 진정한 배려는, 상대방의 마음을 헤아리는 것이라는 사실을요. 여러분도 이 사실을 명심해 주셨으면 좋겠어요. 아내가 갑자기 체형이 변해서 속상할 수도 있어요. 행동에 제약이 많아서 불편할 수도 있고요. 감정의 기복이 생겨서 갑자기 우울해 할 수도 있지요. 그런 아내의 마음이 어떤지 헤아려 주세요. 아내가 임신하더니 짜증이 늘었다고, 갑자기 이상해졌다고 생각하실 수도 있지만요. 겉으로만 판단하는 그런 생각은 접어주시고요. 아내의 말 이면에 어떤 뜻이 숨어 있는지, 어쩌면 남편의 따뜻한 말 한마디를 원한 것은 아닌지 생각해 보시면 답이 나올 거예요. 아내의 마음을 위한 배려, 그것은 행복한 가정을 위한 기초 공사랍니다. 목이 마르다면 무조건 오렌지 주스를 내미는 게 아니라, 오렌지 주스를 먹고 싶은 건지 물이 먹고 싶은 건지 물으시고요. 아내가 예쁜 카페에 간 지 오래되었다면 카페에서 데이트를 하며 목을 축이는 것도 좋겠지요. 한 번만 더 생각하신다면 아내를 배려하는 좋은 남편이 될 수 있답니다.

세 번째
사랑

제가 강의 중에 꼭 필요한 성품이 사랑이라고 말씀드리면, 남편들은 아주 자신 있는 표정을 지으세요. '아내를 당연히 사랑하지요. 그건 자신 있어요'라고 생각하시는 듯한 표정이지요. 하지만 제가 말하는 사랑은요, 표현하는 사랑이에요. 사랑의 표현으로 설거지를 해 주신다고요? 네, 물론 그것도 표현이지요. 하지만 아내는 사랑한다는 말을 듣고 싶어 한답니다. 그것이 표현이고요, 설거지나 집안일을 돕는 건 당연히 따라오는 옵션이지요.^^

제가 쓴 동화 중에요, 『내가 사랑한다고 말하니까』라는 동화가 있어요. 책 속에서 꼬마가 사랑한다고 말을 하지요. 그러면 나무가 무럭무럭 자라나고 풀잎이 살랑살랑 춤을 추지요. 할머니의 주름살이 쫙 펴지고 거북이는 신이 나서 달리기를 해요. 그리고 나중에는 온 세상이 다 웃지요. 사랑은요, 말해야 해요. 천사의 말을 한다 해도 사랑이 없으면 소용없고, 사랑이 있다 해도 사랑한다고 말하지 않으면 소용이 없답니다. 아내에게 사랑한다고 말해 주는 남편이 되세요. 더군다나 이 책에 나온 태담에 아기한테 사랑한다고 말하는 내용이 많이 들어 있지요. 그런데 아내에게는 고백을 소홀히 한다면, 아내가 너무 속상하지 않겠어요? 아기에게도 아내에게도 진심으로 사랑한다 말해 주는 아빠와 남편이 되세요. 그럼 아기와 아내도 많이 사랑해 줄 거예요.

　강의 중에 부모님들이 많이 하는 질문이 몇 가지 있는데요. 그중에 하나가 "어떻게 하면 책을 좋아하는 아이로 키울 수 있지요?"라는 질문이랍니다. 그럼 저는 한마디로 대답한답니다. "여러분이 책을 많이 읽는 엄마, 아빠가 되세요. 그럼 아이는 자연스럽게 책을 좋아한답니다"라고요. 여러분의 삶은 아이를 비추는 거울입니다. 가장이시니 가정을 비추는 거울도 되겠지요. 먼저 사랑하시면 사랑받는 아빠와 남편이 되실 수 있을 거예요. 자, 옛말에 쇠뿔도 단김에 빼라고 했지요? 지금 바로 아내에게 가서서 사랑한다고 말해 주시는 겁니다. 모두 아내 곁으로 출발!(혹시 회사나 밖에 계시다면 전화로 하세요. 괜히 이런 거 시켰다고 고발당하고 싶지는 않습니다.＾＾)

　세 가지 성품 강의 잘 들으셨나요? 직접 강의를 한 것은 아니지만 엑기스만 뽑아서 해 드렸으니 직접 들으신 것과 다를 바 없답니다.
　들으신 대로 실천해 주시리라 믿으며, 저의 강의는 여기서 마치겠습니다. 태교를 위해 책을 읽는 여러분은 이미 좋은 아빠, 좋은 남편입니다!

재미와 상상, 성경적 지혜를 일깨우는
성경 창작동화 시리즈

01 이웃사랑이야기
첫눈

배추 장사하는 슬아네 가족의 작지만 큰 나눔!

문영숙 동화 | 손은주 그림
푸른문학상, 문학동네 어린이문학상 수상작가

02 의로움이야기
벙글이 책가게
단골손님

진짜 행복을 찾아가는 좌충우돌 우리 동네 탐방기

문선희 동화 | 임효정 그림

03 소망이야기
꿈꾸는 유리병
초초

자연의 소중함을 일깨우는 환경 동화

김이삭 동화 | 김청희 그림
푸른문학상 새로운 작가상 수상작가

04 기도이야기
모세의 얼굴이
붉으락푸르락

성경 인물의 흥미진진한 이야기 속에서 얻는
지혜와 기도의 힘

오선화 동화 | 뽀얀 그림

05 기도이야기
에스더의 배에서
꼬르륵꼬르륵

다니엘처럼 하루 세 번, 자꾸 기도하게 하는 책!

오선화 동화 | 뽀얀 그림

06 용서이야기
모래에 써서
괜찮아

용서와 화해를 통해 마음과 생각이 쑥쑥 자라는
성품 동화

정진 동화 | 손은주 그림

07 사랑이야기

꽃보다 예뻐

가족의 소중함을 담은 천방지축 좌충우돌
성장 동화

장세련 동화 | 권초희 그림

08 의로움이야기

강산이는 힘이 세다

주인 잃은 강아지를 돕는 강산이의 의로움,
착하고 진실한 어린이 되기

김종일 동화 | 배은경 그림

09 존중이야기

핑크 할머니네
집으로 오세요

나누면 커지는 사랑,
나누면 작아지는 슬픔 알아가기

길지연 동화 | 임효정 그림

10 믿음이야기

동이의 신기한
카메라

사진작가를 꿈꾸는 동이의 은밀한 관찰,
믿음이 주는 신기한 감동

이병승 동화 | 배은경 그림

11 사랑이야기

내 비밀은
기도 속에 있어요

하나님의 사랑을 닮은 할머니의 손주 사랑과
민지의 착한 기도

강순아 동화 | 김청희 그림

12 믿음이야기

엄마는 감자꽃 향기

탈북한 엄마를 찾아 가는 송희의 모험과
하나님의 따뜻한 보살핌

박경희 동화 | 장유진 그림

아빠가 들려주는
성경태교동화
성품 좋은 아이로 키우고 싶어요!

ⓒ 오선화, 2013

초   판 1쇄 발행일 2013년 2월 18일
개정판 1쇄 발행일 2015년 3월 30일
개정판 9쇄 발행일 2023년 12월 28일

지은이   오선화
그린이   뽀얀
펴낸이   정은영

펴낸곳   ㈜자음과모음
출판등록   2001년 11월 28일 제2001-000259호
주소   10881 경기도 파주시 회동길 325-20
전화   편집부 02) 324-2347 경영지원부 02) 325-6047
팩스   편집부 02) 324-2348 경영지원부 02) 2648-1311

ISBN 978-89-5624-446-4 (13590)